主要设施蔬菜水肥一体化实用生产技术

赵青春　陈　娟　主编

中国农业出版社

北　京

图书在版编目（CIP）数据

主要设施蔬菜水肥一体化实用生产技术 / 赵青春，陈娟主编 . —北京：中国农业出版社，2022.5（2023.11 重印）
ISBN 978 - 7 - 109 - 29825 - 5

Ⅰ. ①主… Ⅱ. ①赵… ②陈… Ⅲ. ①蔬菜园艺－设施农业－肥水管理 Ⅳ. ①S626

中国版本图书馆 CIP 数据核字（2022）第 146842 号

中国农业出版社出版

地址：北京市朝阳区麦子店街 18 号楼
邮编：100125
责任编辑：魏兆猛 文字编辑：董 倪
版式设计：杨 婧 责任校对：吴丽婷
印刷：中农印务有限公司
版次：2022 年 5 月第 1 版
印次：2023 年 11 月北京第 2 次印刷
发行：新华书店北京发行所
开本：880mm×1230mm 1/32
印张：4.5 插页：2
字数：120 千字
定价：35.00 元

编　委　会

前　言

水肥一体化作为节水、节肥、高效的栽培技术在生产中尤其是设施蔬菜栽培中迅速推广。确定合理的施肥量和配套的灌溉设施设备是确保应用水肥一体化技术实现节水、节肥效果的关键。目前生产上存在着有机肥、化肥施用量过大的问题，养分投入量远远高于养分吸收量。经调查，有的地区设施黄瓜 N、P_2O_5 和 K_2O 投入量分别是需求量的 4 倍、13 倍和 4 倍，设施生菜 N、P_2O_5 和 K_2O 投入量分别是需求量的 13 倍、26 倍、7 倍。施肥量过大带来了土壤次生盐渍化、土壤碳氮养分失衡、土传病害频发等土壤质量和环境质量下降等问题。

针对我国北方地区在应用水肥一体化技术时存在的过量施肥、灌溉设施设备管理粗放、比较效益低等问题，作者在近年来开展水肥一体化技术的应用试验示范和经验总结的基础上，收集查阅并参考了相关资料，编写了本书。本书共九章，分别介绍了水肥一体化技术理论基础、水溶性肥料、设施蔬菜水肥一体化栽培管理策略、茄果类蔬菜设施栽培水肥一体化技术规范、瓜类蔬菜设施栽培水肥一体化技术规范、叶类蔬菜设施栽培水肥一体化技术规范、主要设施蔬菜绿色生产水肥一体化技术规范、设施蔬菜土壤消毒技术、设施蔬菜生产土壤常见问题及解决办法。

本书从实际出发，重点介绍了设施蔬菜水肥管理策略及各类主要设施蔬菜水肥一体化技术规范，同时对设施蔬菜生长中应用的一些关键技术如品种选择、田间栽培管理、主要病虫害防控、土壤消毒技术及其他主要土壤常见问题和处理办法等一并介绍，供广大农民、农技员及农业技术推广人员参考。

由于编者水平有限，书中难免有诸多不足之处，欢迎广大读者批评指正。

编　者

2021 年 9 月 23 日

目 录

前言

第一章 水肥一体化技术理论基础

第一节 水肥一体化技术发展概况

水肥一体化技术，简称水肥一体化，是借助压力系统（或地形自然落差），通过灌溉管道将水和肥料一起施用的一种方法。水肥一体化施用条件下，养分的数量和浓度可根据作物需求和气候、环境条件等进行调节，减少养分淋失从而提高肥料的利用效率。水肥一体化适用于现代集约化农业，具备节水省肥、省工省力、增产增收、提质增效的特点。

20世纪60年代，以色列人创造了滴灌技术，并建成了世界上第一个滴灌系统。这一系统由不同口径的塑料管组成，灌溉水和溶于水中的化肥从水源被直接输送到作物根部，呈点滴状缓慢而均匀地滴灌到作物根区的土壤中。滴灌使农业灌溉技术发生了根本性变化，标志着农业灌溉由粗放走向高度集约化和科学化，基本实现了按需供水、供肥，成为灌溉技术发展中的一项重大突破。水肥一体化技术是在滴灌技术基础上发展起来的，其施肥所用的肥料，在发展初期多是由固体肥料溶解而来。

我国水肥一体化施肥技术的应用始于1974年。随着灌溉技术的改进，技术内容不断发展，大体经历了以下3个阶段：

第一阶段（1974—1980年）：引进滴灌设备，并进行国产设备研制与生产，开展滴灌应用试验研究。1980年我国自主研发了第一代成套滴灌设备。

第二阶段（1981—1996年）：引进国外先进工艺技术，逐渐实现了设备规模化生产。滴灌技术由应用试点逐步扩展到较大面积推广，滴灌试验研究也取得了丰硕成果，在部分滴灌试验研究中开始进行滴灌施肥内容的研究。

第三阶段（1996年至今）：水肥一体化的理论及应用技术影响力不断扩大，相关技术得到大面积推广。

我国水肥一体化施肥技术从引进外国的相关技术，到不断地学习和研究适合本地区的滴灌施肥系统，经过了四十多年的发展，现已拥有一批相关的技术成果，为大面积推广提供了必要条件。

第二节　水肥一体化技术内容

水肥一体化技术是借助压力灌溉系统，通过可控管道将可溶性固体肥料或液体肥料配兑而成的肥液与灌溉水一起定时、定量、均匀地输送至作物根部，以满足作物的养分需求和水分需求的技术。

水肥一体化技术以灌溉系统作为施肥工具，协调和满足供应作物生长对水肥的需求，在施肥量、施肥时间和施肥空间等方面进行合理安排，使养分数量、养分浓度与植物的需要及气候条件相适应，促进植物根系对养分的吸收，减少根际以下的养分淋失，提高养分的有效性。

水肥一体化技术是将营养物质施用于湿润的根际，以满足根系的生长发育，显著提高肥料的利用率，从而减少肥料的使用量。水肥一体化技术不仅能降低生产成本，还能减小肥料下渗污染地下水的风险。

蔬菜作物根系具有发育不发达、对水肥需求比较苛刻的特点，水肥一体化技术能够确保蔬菜根系周围（根际）保持一定水平的水分和养分供应，既可满足蔬菜对养分的吸收，又可避免整个土层土壤保持过高的养分水平，能够确保蔬菜的产量和经济效益。

水肥一体化技术包括两个关键技术内容，详细叙述如下。

一是保证作物生长的养分需求，实现营养物质的有效搭配。即根据作物的生理状态，对作物的营养需求做出正确估算。根据作物全生育期目标养分吸收值、养分累积规律、肥料最大利用率，分析其是否能保证高产和高质。作物养分吸收规律具有作物和气候的专一性特点，一般可通过田间试验获得。

二是保证根区养分和水分的临界供应水平，这是水肥一体化技术施肥的基本原则。根据养分利用规律曲线确定作物对不同营养物质的最小利用率，应用分次施肥理论和根际养分施肥调控技术，把养分供应特征和作物需肥规律结合起来，确定作物在不同生育阶段根层适宜的土壤养分浓度范围。

在设施栽培条件下，滴灌施肥能够频繁地、缓慢地向作物的根部施加少量的水和肥料，在时间和空间上能精确调控土壤水、肥条件。通过对滴灌系统的有效设计与管理，可以创造促进作物生长或根据作物需求规律控制作物生长的土壤水分和养分条件，使作物能在最优水肥条件下生长，避免了其他灌溉施肥方式产生的周期性水、肥过多或不足的现象，为促进作物生长、提高作物产量、提升作物品质奠定了基础。

在应用水肥一体化技术时，除了考虑水肥因素以外，还应考虑灌溉施肥系统与其他农业操作体系的兼容性。经济条件、土壤特征、水资源状况、生产目的及其他因素也是影响水肥一体化技术应用的重要因子。因此要因地制宜地选择适宜本地区的水肥一体化系统及相应的管理措施，提高技术应用效果。如根据小规模经营体制和保护地栽培特点，配套组合不同形式的滴灌施肥系统和主要作物的施肥配方及配套应用技术，并且不断完善水分和养分供应状况的监测指标。

第三节　水肥一体化技术原理

水肥一体化技术的理论基础源于植物生理学，主要是3个方面：一是作物对养分的吸收；二是作物生长中水分生理作用；三是水肥互作效应。

一、作物养分吸收

作物吸收矿质养分以根部吸收为主，叶也可吸收部分养分，叶主要吸收气态养分，根也可吸收部分气态养分。水肥一体化技术的重点是研究根部养分吸收。

土壤养分主要以离子态形式被根系吸收，如氮以铵离子（NH_4^+）、硝酸根离子（NO_3^-）形式，磷以磷酸根离子（PO_4^{3-}）形式，钾以钾离子（K^+）形式。大部分化肥是无机盐类，施入土壤后溶解为无机离子，被作物直接吸收利用。有机肥施入土壤后，一般需要经过微生物作用转变为离子态养分才能被作物吸收利用。作物也能吸收分子态可溶性养分，如尿素分子、氨基酸、维生素等。植物可吸收的有机态养分的种类如下：氮，氨基酸、酰胺等；磷，磷酸己糖、磷酸甘油酸、卵磷脂、植酸钠、RNA、DNA、核苷酸等。

作物根系从土壤中吸收养分的途径是：土壤→根表→根内。一般分为 4 个过程：养分向根表面的迁移、养分在细胞膜外聚集、养分的跨膜吸收、根系吸收养分向地上部运输。

（一）养分向根表面的迁移

养分向根表面的迁移有 3 种途径：截获、扩散和质流。

1. 截获 指植物根系在生长过程中直接接触养分而使养分转移至根表的过程，截获实质是接触交换，养分不随水分移动。根系在整个土层里所占的空间不到 10%，土壤中只有极少量的养分可以与吸收根段接触而被吸收，而大部分养分需要通过水分移动才能被根系吸收。

扩散和质流是养分在土壤中随水分移动而被吸收的两种途径。

2. 扩散 指由于植物根系不断吸收养分，根际有效养分浓度明显降低，进而导致根表垂直方向上出现养分浓度梯度差，最终土体养分顺着浓度梯度向根表迁移的过程。扩散作用具有范围小、速度慢、距离短（$0.1\sim15$ mm）的特点。迁移的离子有磷、钾、氮（NH_4^+）。主要影响因素是土壤质地和土壤温度。

3. 质流 指由于植物的蒸腾作用和根系吸收造成根表土壤与

原土体之间出现明显的水势差，此种压力差影响下土壤溶液中的养分随着水流向根表迁移的过程。这时溶解在土壤溶液中的养分也随之源源不断到达根表或进入作物体内。质流是土壤养分移动的主要形式，养分移动范围广、距离长。迁移的离子有氮（硝态氮）、钙、镁、硫。

扩散与质流作用的强弱主要取决于作物吸收水分、养分的能力，以及与土壤中养分的容量、强度之间的关系。当土壤溶液中养分浓度与蒸腾强度均较小时，养分主要靠扩散作用被作物吸收；当土壤溶液中养分浓度高而蒸腾作用强烈时，养分主要靠质流作用被作物吸收。由此可以说明只有土壤水分较适宜时肥料施用效果才能被充分发挥出来。

通常情况下以上 3 种途径是同时存在的，它们彼此间相互补充，共同促使养分持续地向根表移动，满足作物对水分、养分的需求。

（二）养分在细胞膜外聚集

到达根表的养分离子必须穿过由细胞间隙、细胞壁微孔和细胞壁与原生质膜之间构成的自由空间，才能到达细胞膜。

自由空间是指根部某些组织或细胞能允许外部溶液通过自由扩散而进入的区域，包括细胞间隙、细胞壁到原生质膜之间的空隙等。

（三）养分的跨膜吸收过程

养分需要通过原生质膜才能进入细胞内部，参与代谢活动。原生质膜的结构为流动镶嵌模型。原生质膜是具有选择透性的生物半透膜，作物通过被动吸收和主动吸收两种方式吸收养分。

1. 被动吸收　养分离子靠膜外养分顺浓度梯度（分子）或电化学势梯度（离子）无须消耗代谢能量而自发地（即没有选择性地）进入原生质膜的过程称为被动吸收。包括简单扩散和杜南扩散两种方式。

（1）简单扩散。当外部溶液中的浓度大于细胞内部浓度时，离子由浓度高的地方向浓度低的地方扩散的过程称为简单扩散。

（2）杜南扩散。作物吸收离子过程中，细胞内某些离子浓度超过外部溶液离子浓度时，外界离子仍能向细胞流动，这是因为细胞内含有带负电荷的蛋白质分子，虽不能扩散到细胞外，但能够与阳离子结合形成相应的盐，这有利于外部溶液的阳离子的进入。

2. 主动吸收 膜外养分逆浓度梯度或电化学势梯度、需要消耗代谢能量、有选择性地进入原生质膜内的过程称为主动吸收。

由于细胞内离子常常以带负电荷为主，所以阳离子（K^+ 除外）多为被动吸收；阴离子多为主动吸收。

（四）根系吸收养分向地上部运输

根系吸收的养分是通过木质部导管向地上部运输的，运输的动力主要来自植物蒸腾作用。

二、水分的生理及其对养分吸收作用

（一）水分生理作用

水是地球生物生命活动不可缺少的条件。缺水会影响植物正常的生长发育。一般认为水的生理作用有以下几点。

1. 水是细胞的主要成分 植物生命体含水量一般为 $80\%\sim90\%$，水使细胞原生质呈溶胶状态，从而保证新陈代谢旺盛地进行。如果含水量减少，原生质会由溶胶状态变成凝胶状态，生命活性将会大大减弱；如果细胞失水过多，就可能引起原生质破坏而导致细胞死亡。

2. 水是新陈代谢过程的反应物质 呼吸作用、光合作用、有机物的合成和分解等过程，都必须有水参与。

3. 水是植物吸收和运输物质的溶剂 一般情况下，植物不能直接吸收固态的无机物和有机物，这些物质只有溶解在水中才能被植物吸收并在植物体内运输。

4. 水能保持植物体的固有状态 细胞内含有大量水分，能够维持细胞的紧张度（即膨胀），从而使植物体保持挺立的状态。

5. 维持植物体的正常体温 水具有很高的汽化热和比热，又有较高的导热性，因此水在植物体内不断流动和叶面蒸腾，能够顺利地散发叶片所吸收的热量，保证植物体即使在炎夏强烈的光照下，也不致被阳光灼伤。

植物的水分代谢一旦失去平衡，植物体正常的生理活动就会被打乱，严重时植物会死亡。植物体内的水分主要由土壤水分供应，所以说土壤水分直接影响植物的长势，决定着植物的物质合成及其生命进程，同时也决定着植物根系的活力，从而影响植物对养分的吸收与利用。

（二）水分对养分吸收影响

土壤水分直接影响土壤中养分的浓度、有效性和迁移。土壤中有效养分只有到达根系表面才能被植物吸收，成为实际有效养分。但植物根系在整个土体中仅占据 3% 左右的容积，灌溉或降水可以增加土壤湿度，促进根表与土粒间的接触吸收，从而提高养分扩散速率，促进养分向根表的迁移。例如，钾离子的有效性与土壤含水量有很大的关系，土壤中的钾离子只有在土壤水分充足的情况下才能移动到根系表面，当土壤含水量不足时，钾离子易被土壤胶体固定，难以向根表迁移。土壤水分的有效性还会影响土壤微生物的活性、土壤通气性、土壤温度、物理化学作用及植物体内的生理生化过程，间接影响养分形态、转化及有效性。土壤养分和土壤水分密切而又复杂地联系在一起。

三、水肥相互作用

水和肥是农业生产的重要物质资源，它们对植物的作用和功能各不相同，彼此间不可替代。水和肥都是保证作物正常生长发育的必要条件。

水和肥对作物生长的作用并不是孤立的，而是相互作用、相互影响，水是肥效发挥的关键，肥是打开水土系统生产效能的钥匙，充分利用水肥耦合效应是争取作物高产优质高效的必由之路。在一定范围内，水和肥中一个因子在数量上不足可以由另一因子在数量上增加而得到补偿，减少由于该因子数量不足所引起的损害与减产。

（一）水肥协同补偿作用

水肥协同补偿作用是以水促肥和以肥调水的基础，水肥一体化技术是在现有条件下不增加施肥量而获得最大经济效益的一门科学和实用技术。合理利用水肥一体化技术能提高肥料利用效率和水分利用效率，也可以防止不合理施肥造成的土壤和水体污染与肥料流失等问题，使生态环境得到良性循环。

1. 以肥调水 20 世纪 80 年代，我国农学界提出了以肥调水的观点，即通过合理施肥改善作物的营养条件，提高作物对土壤水分的利用能力，进而提高作物产量和水分利用效率。以肥调水技术是提高水分利用效率的重要手段。研究表明，合理氮、磷配比和用量可显著增加作物根系总量，提高根系活力，增强作物吸收利用水分、养分的能力；还能提高光合速率和蒸腾速率，扩大 T/ET 的值（ET 为蒸散量，T 为蒸腾量），降低土壤水分蒸发损失，增加产量，从而大幅度地提高了水分利用效率。因此，应根据不同作物水肥需求特点，确定最佳水肥管理方案，提高水分利用效率。

2. 以水促肥 水一方面可加速肥料的溶解和有机肥料的矿化，促进养分释放；另一方面能稀释土壤中养分的浓度，并加速土壤中养分的流失。尽管根系吸收水分和养分是两个独立的过程，但水分的有效性影响着植物的生理过程、土壤的物理化学过程和微生物过程，使得土壤水分和养分密切而复杂地联系在一起。

土壤中的养分只有溶解在水中才能通过质流或扩散到达根系表面而被植物吸收，随着土壤含水量的降低，离子的扩散速度也变慢，因此养分在土壤中移动的速度和距离与土壤含水量密切相关。当土壤含水量处于田间持水量范围内时，土壤养分处于溶解状态的数量最多，离子扩散和质流所通过的营养面积最大，根系吸收能处在良好的状态。

施肥有明显的调水作用，灌水也有显著的调肥作用。灌水量少时，水肥的交互作用随肥料用量增加而增加；灌水量多时则有相反的趋势。值得注意的是，灌水有利于提高当季作物的产量和肥料利用率，却对后作产量及肥料施用效果有不良影响。但从总体来看，灌水提高产量、增加肥效的作用依然突出。

水肥一体化可改变果实和茎叶的构成，改变两者间的养分分配比例，有利于形成更多的经济产量。尽管水和肥都具有增产效果，但水分增产效率随含水量的提高而降低，肥料增产效率则随含水量的提高而提高，随施肥量的增大而减小。

（二）养分溶液的组成和作物的反应

水分状况是化肥溶解和有机肥料矿化的决定因素。各种矿质养分都有其浓度与吸收速率的特定关系。水分含量过高也会稀释土壤溶液中的养分浓度，易导致养分的淋洗损失。

在低浓度范围内，离子的吸收率随介质养分浓度的提高而增大，但增大速度较慢。

在高浓度范围内，离子吸收的选择性较低，但陪伴离子及蒸腾速率对离子的吸收速率影响较大。

（三）肥料在土壤溶液中的效用

1. 氮 氮一直是环境保护领域特别关注的元素。它在土壤中移动性强（硝态氮），同时容易淋洗损失。多年来众多研究积累的丰富资料表明，在作物生育期内分次施氮可以减少硝态氮向地下水的淋失，提高作物对氮的吸收利用率。通过水肥一体化技术，可以比较精确地给作物提供生长发育所需养分和水分，同时，也可以根据需要在每次灌溉时改变施肥量。如前一次灌溉时施用的肥料太多，下一次灌溉时可以适当地减少肥料用量，从而达到既能够满足作物需要、提高产量，又能够减少水分和肥料用量、降低生产成本、增加经济效益的效果。

2. 磷 磷在土壤中不易随水淋失。地表撒施的磷肥，通常只进入土壤几厘米，通过灌溉随水施用磷肥可提高其利用效果，水肥一体化可以将磷肥施于作物根系集中的地方。同时，通过滴灌施入的磷肥更容易被作物根系吸收。磷除了可以作为一种营养物质促进作物根系生长发育外，在水分胁迫条件下，磷还可以明显改善植株体内的水分关系，增强作物对干旱缺水环境的适应能力，提高作物的抗旱性。

水分和氮肥、氮肥和磷肥间存在交互效应，且水分和氮肥的交互作用大于氮肥和磷肥的交互作用，但水分和磷肥的交互作用不明显。

水分是氮、钾两因子协调发挥作用的重要限制因素，供水充足的情况下，适当提高氮肥、钾肥的用量，可提高作物产量。

不同养分随水分的移动性差异较大。硝态氮和钙离子、镁离子移动性大，而一些盐基离子如硫酸根离子、铵根离子等的移动性则较小。总体上说，在合理范围内，水和肥有明显的协同作用，但不同作物、不同地区适宜的水肥范围和主导因素存在差别。

（四）肥料对土壤结构的影响

肥料能促进作物根系生长发育，提高作物根系活性及吸水能力；合理施肥能促进作物良好冠层盖度的形成，增加土壤蓄水保墒能力，减少田间植株的无效水分蒸发，从而改善土壤墒情。一般土壤越肥沃，土壤的矿质养分供应越充足，植物的蒸腾系数越小，水分利用效率越高。

第四节　设施蔬菜水肥一体化的方式

水肥一体化技术可以根据作物生长对水、肥及环境的要求，选择各种组合方法，尽可能结合其他农业措施，以求方便地进行作物耕作。例如，对于密植蔬菜或窄行作物，可选择地膜覆盖灌水方法，如畦灌、微喷灌和喷灌等；而对于要求生长环境湿度较低的作物，应选择局部灌水方法，如滴灌、渗灌等；对于从事育苗或花卉生产者的保护地，在某些情况下要求湿润地面而控制环境湿度，而在中午温度过高时又需要降低叶面温度等，可选择滴灌结合喷灌或微喷灌、沟灌结合喷灌或微喷灌等水肥一体化方式。

一、滴灌

滴灌首创于20世纪40年代水资源紧缺的以色列，60～70年代以来在欧洲、美国、日本等国家和地区广泛采用，作为新型灌溉技术而广为推崇。这种灌溉方式的独特之处在于水分可以在土壤中均匀扩散，能减少水分蒸发和渗漏。

滴灌技术利用低压管道系统将水或溶有化肥或有机肥的溶液以连续水滴状、细流状、离散状通过毛细管和重力作用缓慢地滴入蔬菜根部附近的土壤。在需水量较大的设施蔬菜生产中，采用滴灌技术可以达到节约用水、减少肥料用量、降低能耗、适时适量补充养分、降低室内空气湿度、提高地温、减少病虫害、提高产品品质和产量的效果，并可控制提前或延缓供应市场时间，增加种植者收入。因此，滴灌技术在设施蔬菜生产中得到了广泛的应用和推广。

1. 滴灌的主要优点

（1）水肥利用率高。在滴灌条件下，灌溉水仅湿润部分土壤表面，可有效减少土壤水分的无效蒸发。滴灌施肥将肥料直接施入根部，减少了肥料在土壤中的扩散及土壤对肥料养分的固定，提高了养分利用率。此外，滴灌不产生地面径流，可避免因深层渗漏和输水引发的水分损失，特别是在炎热干旱季节，滴灌可以有效防止设施土壤水分散失过快。

（2）能提高作物产品品质。滴灌能够及时、适量地提供水肥，能在提高农作物产量的同时，提高和改善作物产品的品质，大大提高设施生产的蔬菜及其他农产品商品率，有效提高经济效益。

（3）环境湿度低，有利于防病。滴灌使土壤水分处于能满足作物要求的稳定和较低的吸力水平，灌水区域地面蒸发量小，这样可以有效控制保护地的湿度，大大降低设施作物病虫害的发生频率，也能减少农药用量。由于滴灌仅湿润作物根部附近土壤，其他区域土壤含水量较低，不利于杂草的生长，因此滴灌可以减少中耕除草次数。

（4）有效防止地温降低。在寒冷季节的设施中使用滴灌技术，可避免由于灌水用量过大引起的地温下降。

（5）防止土壤板结。滴灌出水量小且均匀，适宜于不同种类的土壤及地形有起伏的地块，不会造成地面土壤板结。

2. 滴灌的主要缺点

（1）滴灌时滴头因接触土壤而容易堵塞。

（2）滴灌时水肥主要集中在耕作层，不利于深根作物根系迅速补充养分和水分。

（3）滴灌灌水量相对较小，如水溶肥料浓度过高则易造成滴头附近土壤盐分积累。

（4）滴灌设备成本较高，一般多在设施栽培中或经济价值较高的作物上应用。

二、微喷

微喷是利用专门设备将有压水流喷射到空中并散成水滴落下的技术。微喷工作压力低、流量小，一般采用微型喷头的喷灌。微喷技术是利用低压管道系统，以较小的流量将灌溉液通过微喷带或微喷头，喷洒到土壤和植株表面，它是一种局部灌溉技术。它可以降低水分蒸发，减小滴灌系统的堵塞概率。微喷技术广泛应用于绿化带、果园、工厂化育苗中。常见的微喷技术有两种，分别是地面微喷技术和悬空微喷技术。

1. 微喷主要优点

（1）节水。灌水效率高，比畦灌、沟灌节水 20％～30％。

（2）改善田间小气候。调节土壤水、肥、气、热状况；不破坏土壤团粒结构；有利于消除茎叶上的尘土，增加光能利用效率，增产效果明显。

（3）省工。易实现自动化，能节省劳动力。

2. 微喷主要缺点

（1）成本较高。设备投资较大，消耗动力多。

（2）易诱发病害。微喷有一定的蒸发和飘移损失，会增大空气湿度而诱发病害。因而其在蔬菜上的应用有一定的选择性。例如，在空气干燥的地区或栽培季节性绿叶菜，采用微喷技术能显著提高产品质量。

（3）系统易受阻挡。微喷系统易受田间杂草和作物秸秆的阻挡，进而影响灌溉效果。

三、无土栽培

无土栽培是指利用营养液直接向植物提供生长发育所必需的营养元素，代替由土壤作为生长基质的栽培方式。无土栽培具有生产无污染、产量高、早熟、省水、病害轻等优点。

无土栽培最大程度地利用了水、肥、气、热等生产要素。土壤栽培条件下，肥料溶解和被植物吸收利用的过程很复杂，这一过程不仅损失多，而且各种营养元素很难维持平衡。而无土栽培能合理分析作物生长发育所需要的各种营养元素，能根据作物种类以及同一作物的不同生育阶段，科学地供应养分，这一过程中养分损失小，而且容易保持平衡，能使作物生长发育健壮，生长势强，充分发挥增产潜力。

（一）常见无土栽培形式

1. 水培法　植物的根系完全悬浮在营养液基质中，根颈以上的枝叶需要采用种植床固定。营养液内要具备足够的通气条件，并要处于黑暗中，因此该法在应用时需要相关装置设备，以满足植物的要求。

水培法在技术上常用的类型有：营养膜技术、一般水培法、漂浮培、雾培（气培）、地下灌溉等方法，下面略述几种。

（1）一般水培法。用砖、水泥、木材、塑料等材料砌成栽培槽，槽宽一般为 1.2～1.5 m，长度不限，深度为 15～30 cm，槽内通常刷一层防渗材料。水槽上面一般用泡沫材料铺设种植床，深 5～10 cm，既可用于固定植物，又可阻止光线透入溶液。

（2）营养膜栽培。用玻璃钢做栽培槽，将植物固定在槽内，槽体内保持营养液不断流动。营养液液面较浅，可保证氧气供应，安装简便，操作方便。

2. 基质栽培

基质栽培指植物栽培在清洁的基质中，由营养液提供养分的方法。常用基质有蛭石、珍珠岩、锯木、沙砾、岩棉、泥炭等。依据不同植物习性及不同基质的物理性能，选择合理的基质。基质栽培容器可大可小。小面积栽培，可用盆或箱；大面积栽培，可用栽培槽、栽培钵、栽培袋等。

近年来为适应观光农业的需求，不同造型的基质栽培方法应运而生。

（1）瓶栽。将植物种植在具有营养液的花瓶中，此法可延长植物观赏部位的观赏期。

（2）筒培。在PVC制成的筒内填装基质，将植物种植在基质上，在筒下部侧壁上设置一些排液孔，收集营养液以实现循环利用。

（3）垂直栽培。用水泥、木料或塑料等材料制成立体造型，造型设栽培盘，内填基质栽培植物，用营养液栽培。

（二）无土栽培优缺点

1. 无土栽培优点　无土栽培可以使作物彻底脱离土壤环境，因此作物能摆脱土壤的约束，可以充分利用设施空间，同时也能避免设施内出现土壤盐渍化、连作等影响生产的问题。无土栽培有利于提高土地利用率，可以使原本不适合耕作的土地得到重新利用，如废弃的坑塘、盐碱地等。

2. 无土栽培缺点　无土栽培配套技术比较多，掌握难度大。如作物根系与基质结构适应度，基质内氧气如何补充，不同时期、不同阶段营养液配方和用量营养液管理技术等。此外还需要配套相关的设施设备，投资较大。

四、膜下冲施

膜下冲施是在膜下沟灌或滴灌时随水冲施水溶化肥或水溶有机肥的一种施肥方式。灌溉水在膜下施入土壤，可以有效减少土壤水分蒸发，降低室内的空气湿度，减少病害发生，减少棵间蒸发，提高水分利用效率。早春、秋延后和越冬栽培，为确保设施环境具有适宜于作物生长的温、湿度条件，常采用膜下沟灌和膜下滴灌。

第二章 水溶性肥料

第一节 水溶性肥料特点

水溶性肥料是一种可以完全溶于水的多元复合肥料，其主要特点是溶解度高、溶解速度快。对于作物施肥它具有 3 个优点：一是肥效快，养分溶解后直接形成离子态，快速转化为根系可吸收形态，可解决作物生长后期连续、大量的营养需求；二是可应用于灌溉系统，水肥联合供应，能提高水肥综合利用效率；三是养分均衡，水溶肥多为复合肥，其中常添加微量元素，对作物而言营养更全面。

根据以上特点，一方面可以根据作物需肥特点设计施肥配方，提高肥料利用率，而且其效果显现快，也可以根据作物生长情况对配方进行调整；另一方面水溶肥施用技术较复杂，要求使用者知识水平高。水肥一体化技术短期是协调水、肥、作物三者之间的关系，长期则是协调作物、土壤、水分、养分、设备等多者之间的关系，它们之间既可能相互促进又可能相互制约。不同作物种类、生产方式及灌溉方式，对肥料的成分与质量要求都不同，需要精准控制，合理配套使用。例如，不同灌溉体系（冲施、微喷、根外）对水溶肥的质量要求有明显差异，灌溉体与水溶肥必须形成相互配套的关系。

第二节 水溶性肥料分类

按形态可将水溶性肥料分为固态肥料、液态肥料；按养分组成可将水溶性肥料分为大量元素水溶肥、中微量元素水溶肥、有机无机复混水溶肥、有机水溶肥；按施用方式可将水溶性肥料分为管道施肥（包括滴灌、喷灌等）、地面灌溉施肥（包括冲施肥、淋施肥等）、根外施肥（叶面喷施等）、其他（浸种等）。

下面按养分组成介绍水溶性肥料的性质和特点。

一、氮肥

（一）铵态氮肥

氮素以铵离子形态存在。主要有碳酸氢铵、硫酸铵、氯化铵。其共同特点是：易溶于水，可以被作物直接吸收，便于迅速发挥肥效；土壤胶体对铵离子有较强吸附能力，故铵态氮肥施入土壤后移动性小，几乎不存在淋失的问题；铵态氮肥遇碱性物质易产生氨的挥发损失。在石灰性土壤上施用铵态氮肥应特别注意深施和及时覆土。

1. 硫酸铵 ［$(NH_4)_2SO_4$］ 简称硫铵，纯净的硫酸铵为白色晶体，有少量的游离酸存在。我国现行硫铵的标准为：含 N 20.5%～21%，水分 0.1%～0.5%，游离酸＜0.3%。硫酸铵施入土壤后，由于作物对 NH_4^+ 吸收相对较多，易造成 SO_4^{2-} 较多地残留于土壤中从而引起土壤酸化。

2. 氯化铵（NH_4Cl） 简称氯铵，纯净的氯化铵是白色晶体，含 N 24%～26%，吸湿性略高于硫酸铵，但比硝酸铵小得多，氯化铵的物理性质较好，易溶于水，不易结块，方便贮存。氯化铵和硫酸铵一样，均属生理酸性肥料。氯化铵适用于酸性和石灰性土壤，不宜用于盐碱地，否则会增加 Cl^- 对作物的危害。在酸性土壤连续施用氯化铵应注意配合施用石灰，以中和土壤酸性。

3. 碳酸氢铵（NH_4HCO_3） 简称碳铵，是一种白色细粒结晶，含 N 17%，有强烈的氨臭味，吸湿性强，易溶于水，呈碱性（pH 8.2～8.4）。碳酸氢铵是一种不稳定的化合物，在常温下很容易分解释放出 NH_3，造成氮素的挥发损失。碳酸氢铵的最大优点是不含酸根，属生理中性肥料，其 3 个组分（NH_3、H_2O、CO_2）都是作物生长的必需养分，长期施用不影响土质，是较安全的氮肥品种之一，只要深施入土即可。碳酸氢铵适用于各种土壤和作物，可作基肥和追肥，不宜作种肥，以免影响出苗。碳酸氢铵深施覆土的肥效比撒施更高。

（二）硝态氮肥

硝态氮肥包括硝酸钙、硝酸铵和硝酸钾等，这些肥料中的氮素均以硝酸根（NO_3^-）的形式存在。硝态氮肥的共同特点是：易溶于水，是速效性养分。硝酸根为阴离子，由于难以被带负电的土壤胶体吸附，所以在土壤剖面中的移动性较大。在通气不良或强还原条件下，硝酸根可经反硝化作用形成 N_2O 和 NO 气体，引起氮的损失。大多数硝态氮肥在受热（高温）条件下易燃易爆，故在贮运过程中应注意安全。硝态氮肥不宜作基肥和种肥，应避免在水田中作追肥施用。施用过程中应特别注意淋失和反硝化的问题。

1. 硝酸铵（NH_4NO_3）　简称硝铵，是一种常用的硝态氮肥。硝酸铵为白色晶体，含氮量高，含 N $33\%\sim35\%$，其中硝态氮和铵态氮各占一半，故硝酸铵兼有两种形态氮肥的特性。硝酸铵中所含养分全部可被作物吸收利用，不残留任何酸根或盐基，是一种生理中性肥料。最适宜于旱地作物，且以追肥施用为佳，对果树、蔬菜、烟草、棉花等经济作物尤其适用。

2. 硝酸钙［$Ca(NO_3)_2$］　硝酸钙是一种白色细结晶体，含 N $13\%\sim15\%$，肥料级硝酸钙为灰色或淡黄色颗粒。硝酸钙极易吸湿，贮存时应注意密封。硝酸钙易溶于水，性质稳定，属弱生理碱性肥料，适用于多种土壤和作物。又因其含有较多的水溶性钙，所以对果树、蔬菜、花生、烟草等作物尤为适宜。一般作追肥效果较好，如必须作基肥，可与有机肥料或尿素等高浓度氮肥配合施用，以减少养分损失，充分发挥肥效。

（三）酰胺态氮肥

酰胺态氮肥是指含有酰胺基或在分解过程中产生酰胺基的氮肥。主要的酰胺态氮肥品种有尿素和石灰氮，水溶性酰胺态氮肥主要是尿素。

尿素［$CO(NH_2)_2$］为白色结晶，含 N $45\%\sim46\%$，吸湿性

中强，与硫酸铵或氯化钾混合后临界吸湿点更低，尿素与其他肥料掺混时应特别注意。尿素纯净且易溶于水，在水中可以完全溶解，不留任何残余。

尿素适用于各种土壤和作物，通常作基肥施用，因其养分含量高、水溶性好，也可以用作追肥。一般应适当提前几天施用尿素，使其有分解转化过程的时间。由于分子态尿素也较易淋失，故施用后不宜立即灌大水，以免尿素淋洗至深层，降低其肥效。可用于微灌施肥的氮肥参考表2-1。

表2-1　用于微灌施肥的氮肥

肥料	养分含量（N-P$_2$O$_5$-K$_2$O,%）	分子式	pH（1 g/L, 20 ℃）
尿素	46-0-0	CO（NH$_2$）$_2$	5.8
硫酸铵	21-0-0	（NH$_4$）$_2$SO$_4$	5.5
硝酸铵	34-0-0	NH$_4$NO$_3$	5.7
硝酸钙	15-0-0	Ca（NO$_3$）$_2$	5.8
硝酸镁	11-0-0	Mg（NO$_3$）$_2$	5.4

二、磷肥

磷肥是以磷为主要养分的肥料。水溶性磷肥主要是含磷酸二氢根［（H$_2$PO$_4$）$^-$］成分的肥料，包括磷酸二氢钾、磷酸铵等。磷肥非常适合用于微灌施肥。通过滴注器或微型灌溉系统施用磷肥时应使用酸性磷酸肥，避免在中性条件下使用，因为磷肥在酸性溶液环境中效果较好。当环境pH升高，钙、镁磷酸盐易沉淀。表2-2为用于灌溉施肥的磷肥。

表2-2　用于灌溉施肥的磷肥

肥料	养分含量（N-P$_2$O$_5$-K$_2$O,%）	分子式	pH（1 g/L, 20 ℃）
磷酸	0-52-0	H$_3$PO$_4$	2.6

三、钾肥

钾肥是以钾为主要养分的肥料，主要有氯化钾、硫酸钾、碳酸钾、硝酸钾和含钾复肥。大部分钾肥都能溶于水，肥效较快，并能被土壤吸收，不易流失。适量施用钾肥可促进作物开花结实，防止倒伏，还可增强作物抗旱、抗寒、抗病虫害的能力。

1. 氯化钾　氯化钾（KCl）为白色晶体，含 K_2O 50%～60%，含 Cl^- 47.6%。其常因含少量的钠、钙、镁、溴和硫等元素或其他杂质，而带有淡黄色或紫红色等颜色。氯化钾易溶于水，是速效性钾肥，属生理酸性肥料。水溶肥不提倡用红色的氯化钾，因为其红色不溶物（氧化铁）会堵塞出水口；仅白色的氯化钾肥料可作为水溶肥利用。另外由于氯化钾中含有氯离子，因此不宜在忌氯作物种植区以及盐碱地施用。氯化钾的吸湿性不大，但长期贮存会结块，尤其是含杂质较多时，其吸湿性增强，更易结块。

2. 硫酸钾（K_2SO_4）　硫酸钾为白色晶体，含 K_2O 48%～52%，易溶于水，属速效性钾肥。硫酸钾吸湿性较小，贮存时不易结块。在中性和石灰性土壤上施入硫酸钾会生成硫酸钙，生成的硫酸钙溶解度小，易存留在土壤中；在酸性土壤上则易生成硫酸；在硬水中则易生成 $CaSO_4$ 沉淀。长期大量施用硫酸钾时应注意防止土壤板结。表 2-3 为可用于微灌施肥的钾肥。

表 2-3　用于微灌施肥的钾肥

肥料	养分含量 （N-P_2O_5-K_2O，%）	分子式	pH （1 g/L，20 ℃）	其他成分
氯化钾	0-0-60	KCl	7	46%Cl
硫酸钾	0-0-50	K_2SO_4	3.7	18%S
硫代硫酸钾	0-0-25	$K_2S_2O_3$	—	17%S

四、复合肥

复合肥是指含有氮、磷、钾中两种或两种以上营养元素的化肥，主要包括磷酸铵、偏磷酸铵、磷酸二氢钾、硝酸钾等。

1. 磷酸铵　磷酸铵含 $NH_4H_2PO_4$ 与 $(NH_4)_2HPO_4$，是一种高浓度速效氮磷二元复合肥料。作基肥时施肥点不能离幼根幼芽太近，以防作物被 NH_3 灼伤。磷酸铵可与多数肥料掺混施用，但应避免与碱性肥料掺混，因其能促使磷酸铵分解而释放氨。磷酸铵在 pH 大于 7.5 的石灰性土壤中很易发生分解，引起挥发损失。同时会因部分水溶性磷生成 $CaHPO_4$ 而向枸溶磷退化。

2. 偏磷酸铵（H_4PO_3）　偏磷酸铵含 N $12\%\sim14\%$、P_2O_5 $65\%\sim70\%$，是一种结晶状、稍有吸湿性但不结块的氮磷复合肥料。偏磷酸铵能以固体形式直接作肥料使用，也可制成液体肥料。偏磷酸铵主要作基肥施用。

3. 磷酸二氢钾（KH_2PO_4）　磷酸二氢钾含 P_2O_5 52%、K_2O 34%，是白色或灰白色粉末，吸湿性弱，物理性状良好，易溶于水，水溶液呈酸性。磷酸二氢钾适用于各种作物与土壤，尤其适用于磷钾养分同时缺乏的土壤或喜磷且喜钾的作物。可作基肥、种肥或追肥施用。由于磷酸二氢钾价格较高，农用产品又较紧缺，故磷酸二氢钾常用于浸种或根外追肥，也可与其他养分配成复合营养液作根外追肥。

4. 硝酸钾（KNO_3）　硝酸钾含 N 13%、K_2O 44%，是含钾的硝酸盐，是一种不含氯的氮钾二元复合肥料。纯品硝酸钾外观呈白色，通常以无色透明斜方晶体、菱形晶体或白色粉末形态存在，物理性状良好。肥料级硝酸钾产品外观大多呈浅黄色，微吸湿，一般不易结块，易溶于水。硝酸钾所含的 NO^{3-} 和 K^+ 都容易被作物吸收，施入土壤后较易移动，适宜作追肥，尤其是作中晚期追肥或作为受霜冻害作物的追肥。烟草、葡萄、茄果类蔬菜等经济作物追施硝酸钾，肥效快且可提高作物品质。硝酸钾可以单独施用，也可与硫酸铵等肥料混合或配合施用。但在作物生长末期，当作物对钾的需求量增多时，施用硝酸钾会出现一些弊端，这一阶段硝酸根离子不但没有利用价值，反而会对作物生长起反作用。表 2-4 为可用于微灌施肥的复合肥。

表 2-4 用于微灌施肥的复合肥

肥料	养分含量（$N-P_2O_5-K_2O$,%）	分子式	pH（1 g/L，20 ℃）
磷酸一铵	12-61-0	$NH_4H_2PO_4$	4.9
磷酸二铵	21-53-0	$(NH_4)_2HPO_4$	8.0
磷酸二氢钾	0-52-34	KH_2PO_4	5.5
硝酸钾	13-0-46	KNO_3	7.0

五、中微量元素肥

微灌施肥中常用的是铁、锰、铜、锌的无机盐或螯合物。无机盐一般为铁、锰、铜、锌的硫酸盐，其中硫酸亚铁容易产生沉淀。此外在灌溉系统的管路中，某些肥料能与磷酸盐反应产生沉淀，降低肥料有效性，生成沉淀物阻塞滴头。螯合物金属离子一般与稳定的且具有保护作用的有机分子结合，可以避免产生沉淀与发生水解，但其价格较高。有些复合肥含有以螯合物形式存在的微量元素。

六、有机水溶肥

简单来说，有机水溶肥就是含有机质的全水溶肥料。如腐植酸类、氨基酸类、微生物、海藻酸类、鱼蛋白类、甲壳素类等水溶肥料。有机水溶肥料的有机质一般含量较高，且较为多样。有机水溶肥易溶解于水，易被作物吸收，具有改良土壤结构、刺激作物生长、提高作物抗性、提升作物品质等作用。有机肥料中含有丰富多样的有机质，但氮、磷、钾养分含量较少，因此在生产上一般与一些大量元素或中微量元素水溶肥配合施用效果更佳。

第三节 水溶性肥料选择原则

水溶性肥料的品种和价格差异很大，营养单一型肥料如尿素、氯化钾等肥料的价格相对便宜，而营养混合型液体肥料则较贵。一般应根据肥料的价格、质量、施用难易程度以及供应情况进行选择。

一、溶解性

在常规温度条件下能够完全溶于灌溉水，溶解后要求溶液中养分浓度较高，而且不会产生沉淀而阻塞过滤器和滴头等出水口。

将肥料投入灌溉系统时，必须考虑它们的溶解性，良好的溶解性能保证微灌施肥过程顺利进行。所有的液体肥料和常温下能够完全溶解的固体肥料都可以用于微灌施肥。不溶或部分溶解的固体肥料最好不用于微灌施肥，以免堵塞灌溉系统而造成严重损失。

肥料的溶解度与温度有关，夏天能完全溶解的肥料可能在冬天会形成沉淀而析出，这是因为肥料的溶解度会随着温度降低而下降。为了解决这个问题，可以在夏末稀释溶液，也可以使用冬天配制的低浓度溶液。

二、兼容性

两种或两种以上肥料混合时，务必保证肥料之间的相容性，应确保无沉淀产生或混合后尽量不改变它们的溶解度。

在配制微灌的肥料溶液时，有一些肥料是不能混合在一起的。例如，硫酸铵和氯化钾混合后，会因生成硫酸钾而显著降低溶解度。

（1）溶液中最不易溶解的盐的溶解度会降低混合液的溶解度。如将硫酸铵与氯化钾混合后，硫酸钾的溶解度决定了混合液的溶解度，因为生成的硫酸钾是该混合液中溶解度最小的。

（2）肥料间发生化学反应会产生沉淀，阻塞滴头和过滤器，降低养分的有效性。切勿将硫酸盐化合物与含钙化合物相混合，因为两者混合后会形成硫酸钙沉淀。

例如，硝酸钙与任何硫酸盐或磷酸盐混合后会发生反应形成硫（磷）酸钙沉淀（石膏）。

$$Ca(NO_3)_2 + (NH_4)_2SO_4 \longrightarrow CaSO_4 \downarrow + \cdots\cdots$$

$$Ca(NO_3)_2 + NH_4H_2PO_4 \longrightarrow CaHPO_4 \downarrow + \cdots\cdots$$

镁与磷酸一铵或磷酸二铵混合后会发生反应形成磷酸镁沉淀。

$$Mg(NO_3)_2 + NH_4H_2PO_4 \longrightarrow MgHPO_4 \downarrow + \cdots\cdots$$

磷酸盐与含铁、锌等金属离子的肥料混合后会发生反应形成磷酸铁沉淀。

$$Fe^{3+} + H_3PO_4 \longrightarrow FePO_4 \downarrow + \cdots\cdots$$

肥料混合表请参考表 2-5。

表 2-5 肥料混合表

硝酸铵							
√	尿素						
√	√	硫酸铵					
√	√	√	磷酸二铵				
√	√	×	√	氯化钾			
√	√	√	√	√	硫酸钾		
√	√	×	√	√	√	硝酸钾	
√	√	×	×	√	×	√	硝酸钙

注:"√"表示可以混合,"×"表示混合后会产生沉淀。肥料溶液注入水中之前,需要做一个烧杯试验,避免出现问题。试验时将肥料溶液加入盛有水的烧杯中,使溶液浓度与实际溶液浓度相近,在 1 h 或者 2 h 内观察有无浑浊或沉淀产生。若有浑浊或沉淀产生,则表明此种溶液注入灌溉系统中很可能会引起管道或出水孔堵塞。

三、水源

水质是灌溉施肥成功的关键,必须予以高度重视。对于滴灌系统,水质更加重要,应务必确保水中不含有悬浮的固体颗粒和微生物,以防止堵塞滴头出水孔。

肥料或肥料与水中杂质形成的反应产物超过溶解度时,将肥料加到灌溉系统中便会产生沉淀。产生的沉淀会堵塞管壁、滴头出水孔和喷嘴,甚至完全堵塞整个灌溉系统。硬质灌溉水中的钙和镁含量较高,含有较高浓度的重碳酸根离子,而且呈碱性。将这种水加入肥料后,由于水中存在高浓度的钙离子、镁离子,在高 pH 条件下很容易形成钙离子和镁离子的磷酸盐沉淀。钙离子和镁离子与肥料中的磷酸根离子或硫酸根离子会产生沉淀，当溶液 pH 上升时，也会产生沉淀。例如使用尿素则会形成碳酸钙沉淀，因为尿素会增加溶液 pH，此时不仅会阻塞滴头出水孔和过滤器，而且会降低肥料的施用效果。

循环水极易产生沉淀，因为它含有高浓度的重碳酸盐和有机物质。在滴头出水孔和管壁形成的沉淀物可能会完全堵塞灌溉系统，同时根的磷素供应量会随之降低。如果肥料中含有高浓度的钙离子和镁离子，使用时建议选择酸性肥料，并向灌溉系统中定期注入酸溶液以防滴头出水孔堵塞。

四、盐离子浓度

与钙沉淀相关的另一个问题是钠吸附比（SAR）增加造成水本身的钠害加重。如果灌溉水含盐量高，则必须考虑带给作物的盐分总量，而不能只考虑一次带入的盐分量。作物耐盐能力差别很大，一季中的多次灌溉带来的盐分积累量可能会对某种作物有害而对另一种作物没有严重影响。含盐灌溉水的电导率高于 2 dS/m，含氯量高于 150 mg/L 时，加入化肥会使灌溉溶液的电导率更高，可能会对一些敏感作物和特殊栽培作物造成伤害。生产中应检验作物对盐害的敏感性，选用盐分指数低的肥料或进行淋溶洗盐。表 2-6 为盐离子浓度表。

表 2-6　盐离子浓度表

化肥种类		溶解性 （100 g H_2O，g）	盐指数 （以硝酸钠为100）
硝酸钙	Ca（NO_3）·$4H_2O$（N 11.9%）	134～267	52.5
硝酸铵	NH_4NO_3（N 33.5%）	118	105
硝酸钠	$NaNO_3$	73	100
硫酸铵	NH_4SO_4（N 20%）	71	69
硫酸钙	$CaSO_4$·$2H_2O$	0.24	—
磷酸一铵	$NH_4H_2PO_4$（N 12.2%，P_2O_5 61.7%）	43	30

（续）

化肥种类		溶解性 （100 g H_2O，g）	盐指数 （以硝酸钠为100）
磷酸二铵	$(NH_4)_2HPO_4$（N 18％，P_2O_5 46％）	25	34
氯化钾	KCl（K_2O 54％）	28	109～116
硝酸钾	KNO_3（N 14％，P_2O_5 46％）	13	74
硫酸钾	K_2SO_4（K_2O 54％）	6.7～8	46
尿素	$CO(NH_2)_2$（N 46％）	67～119	75
硫酸镁	$MgSO_4 \cdot 7H_2O$	70～85	—
硫酸锰	$MnSO_4 \cdot 4H_2O$	5～10	—
硫酸锌	$ZnSO_4 \cdot 6H_2O$	70	—
硫酸铜	$CuSO_4 \cdot 5H_2O$	32	—
硼砂	$Na_2B_4O_7 \cdot 10H_2O$	3	—
硼酸	H_3BO_3（B 17％）	4.87（20 ℃）	—
磷酸	H_3PO_4	548（20 ℃）	—
磷酸二氢钾	KH_2PO_4（P_2O_5 50％，K_2O 30％）	22.6（25 ℃）	8.4

注：表中溶解性指常温条件下的溶解量；盐指数一栏"—"标注者为缺少资料。

五、拮抗反应

当两种或两种以上离子共存于同一外界环境时，我们便可以观察到拮抗作用或协同作用。协同作用是指一种离子的存在使得另一种离子的吸收量增加；拮抗作用指两种离子共同存在时发生竞争。硝酸根离子和氯离子存在着激烈的拮抗反应，氯离子的存在会减少硝酸根离子的吸收量，反之亦然。因此，在含盐量高的环境中，肥料中的硝酸根离子会降低盐害程度，因为氯离子的吸收更多地被硝酸根离子代替。

六、腐蚀性

肥料溶液的腐蚀性对灌溉系统和相关部件的使用寿命影响很

大。肥料在灌溉系统中会与某些金属部件发生化学反应，酸性和含氯化物的肥料通常比其他肥料的腐蚀性强，生产中应慎重选择肥料。

另外对滴灌系统来说，使用酸性肥料可以部分解决重碳酸盐沉淀堵塞滴灌系统的问题。因此，为了溶解沉淀和防止滴管孔的堵塞，有必要定期向灌溉系统中注入酸性物质。可使用的酸性物质有：硝酸、硫酸、盐酸和磷酸。注入酸性物质还能够去除系统中的细菌、藻类和泥浆。注射完酸性物质之后，应该仔细地洗净灌溉和注射系统，这样肥料溶液对灌溉系统和有关控制部件的腐蚀性较小，能延长灌溉施肥设备的使用寿命。

第四节　水溶性肥料施用方法

水溶性肥料的优缺点均很突出，使用技术也很复杂，人为调节对其影响远大于其他肥料，所以必须合理施用、精量控制。即按作物不同阶段养分需求规律，适时适量地将肥料供应给作物。养分供应不足可能降低作物的产量及品质；而如果供应过量，轻者会降低产品品质，提高不必要成本，重者则会引起肥害、土壤次生盐渍化等后果。

一、施肥的原则

根据作物生长养分需求规律制定相应的施肥方案；结合灌水制度和气候、土壤等条件修订施肥方案；提高灌水施肥的频率，减少每次的灌水量和施肥量。

二、确定推荐施肥方案

微灌施肥时，应根据微灌面积、作物种类、产量水平和各生育期养分吸收规律等确定各时期肥料的使用种类和数量。采用测土配方施肥技术制定施肥方案，分别计算出作物在每个生长阶段氮肥、磷肥、钾肥的具体用量，并适当补充微量元素肥料；也可根据作物生育期、土壤电导率（EC）等进行调整，还包括特定土壤 pH 和电导率条件下各元素的目标值和范围。在温室条件下，硝化作用很快，一般仅有少量 NH_4^+ 能被检测出来，因此 NH_4^+ 的目标值定为零。

三、配制肥料

（一）自行配制肥料

根据特定配方用单质肥料自行配制营养液通常更为经济。可以依据不同作物或不同生育期调整养分组成和养分比例；可以配制一系列高浓度的营养液，施用时再按比例稀释，此法较为方便；在田间，将能完全、迅速溶解且元素间不发生化学反应的肥料混合在一起，即可配制成不同氮磷钾养分比例的营养液，此法具有较高的灵活性，能较好地满足作物的需要。

配制速溶性肥料应选择溶解性强的化肥，但有些磷肥是不溶的，磷肥最好的基础原料是磷酸二氢钾，但其价格太高，因此常用磷酸一铵（粉状）作为磷源。有些厂家生产的磷酸一铵中含有少量不溶物。因此，配制完全速溶性肥料时务必注意防止硫酸根与钙、镁等元素，磷与钙、铁、锌等元素发生沉淀。

（二）混合肥料的安全事项

配制液体时，容器中始终保持需水量的 $50\% \sim 75\%$。

先加入能够释放热量的肥料，以防溶液冷却。加入固体可溶性肥料前，必须先加入液体肥料。液体物质可以提供热量，防止干燥的肥料使溶液冷却；大部分固体肥料溶解时会从水中吸收热量，使溶液的温度降低，因此肥料溶解度也会减小。由于磷酸稀释是一个放热反应，会使溶液的温度升高，所以在加入氯化钾或尿素（两者溶解是吸热反应）之前应先加入磷酸。

加入固体肥料时，一定要不停地搅拌且要缓慢加入，以防形成大的不溶物或溶解缓慢的块（絮）状物体。

一种浓缩肥料与另一种浓缩肥料不能直接混合。

避免将酸或酸性肥料与氯混合，不论是液态还是气态氯，比如次氯酸钠，因为这样会产生有毒性的氯气。不能将酸性物质和氯存放在同一空间内；不能将氨气或氨水与任何酸直接混合，因为两者混合会发生剧烈且迅速的反应。

加酸时应将酸加入水中，不能将水直接加入酸中；向水中加入氯气时，应将氯气加入水中，不能反向操作。

混合肥料最好现用现配；对于混合后会产生沉淀的肥料应采用分别注入的办法来解决。

四、田间施肥

水溶肥主要用于追肥，不适宜作基肥，应遵循少量多次的使用原则。作物的一个生长周期可分为播种、苗期、营养生长期、生殖生长期、收获期等不同生长发育阶段，不同阶段对于水肥的需求各具特点，施肥期依照作物灌溉时期确定。应针对不同作物不同灌溉施肥期，合理确定水溶肥养分配比、肥料形态及数量。

高钾型配方用于满足果实膨大时对钾的需求，增加果实甜度，改善果实着色，延长果实贮存时间。但应严格控制施肥量，少量多次，满足作物不间断吸收养分的特点。一般每次亩*用量 3～6 kg。水肥一体化施肥条件下，作物根系生长密集，主要吸收滴灌施肥提供的养分，对土壤养分供应依赖性小，因此对养分的合理比例和适宜浓度要求更高。为防止施肥浓度过高烧苗，肥料溶液可溶性盐浓度应控制在 1～3 mS/cm 范围内，或每立方米水溶解 1～3 kg 肥料。灌溉施肥量使根层保持湿润即可，过量灌溉既浪费水，又易造成养分淋洗，浪费肥料。

（一）肥料的准备

将各种固体肥料混合，配制成标准的贮备溶液。用 2～3 个装有不同肥料浓缩液的施肥罐来分隔相互之间起作用的肥料。贮备溶液以 2～10 L/m³ 的速率注入灌溉系统，速率由作物所需要的养分浓度决定。例如：A 罐含有硝酸钾、硝酸钙、硝酸钾、硝酸镁和微量元素，B 罐含有铵基盐、硫酸盐、磷酸盐，这样磷和钙或者镁就能够

---

* 亩为非法定计量单位，1 亩＝1/15 hm²。——编者注

被不同的容器隔开以防止沉淀的生成；C 罐含有酸溶液，可以用来控制肥料液的 pH，还可以清洗灌溉系统，防止滴头出水孔堵塞。

（二）施肥时间

系统正常运行一段时间（一般为 15～20 min）后再施肥，施肥时打开管的进、出水阀，同时调节调压阀，保持灌溉施肥速度正常、平稳。注意防止由于施肥速度过快或过慢造成的施肥不均或施肥不足。每次运行，应在施肥完成后再停止灌溉，一般施肥后应继续灌溉 20～30 min。

（三）肥料浓度

肥料注入量视作物需肥量而定，肥料浓度（有效养分）不宜太高。施肥量过大不仅会浪费肥料，而且会引起系统堵塞。

（四）施肥系统维护

系统间隔运行一段时间后，应打开过滤器下部的排污阀放污，施肥罐底部的残渣也需要经常清理。

灌溉施肥过程中，如果供水突然中断，应尽快关闭施肥阀门，以防止肥料溶液发生倒流。

如果水中含钙镁盐溶液浓度过高，为防止生成钙质沉淀引起堵塞，可加入 33% 稀盐酸中和溶液以清除堵塞。

彩图 2-1 为贮液罐在田间的安装示意，磷钾折纯量转换如表2-7 所示。

表 2-7　磷钾折纯量转换公式

项目	转换系数
K 转换成 K_2O	1.205
K_2O 转换成 K	0.83
P 转换成 P_2O_5	2.291
P_2O_5 转换成 P	0.437

第三章 设施蔬菜水肥一体化栽培管理策略

第一节 设施蔬菜水分管理

作物在正常生长的情况下，从土壤中吸水，在叶面蒸腾作用下又失水，形成吸水与失水的连续运动过程。当作物吸水量低于需水量时，作物萎蔫，生长停滞；当吸水量高于需水量时，土壤渍涝，作物根系缺氧、窒息，最终死亡。只有当土壤水分适宜时，根系吸水和叶片蒸腾失水才能达到平衡状态，即水分平衡。因此，作物吸水、用水、失水三者需要保持一定的动态比例。水分管理即通过合理灌溉制度，通过调节土壤水分达到作物的水分平衡。

一、设施蔬菜水分管理原则

设施蔬菜栽培应依据当地蔬菜种类、生育阶段、土壤、气候特点等情况确定灌水时间及灌水量。

（一）依照蔬菜作物的需水规律进行灌水

作物需水规律包括需水总量、需水临界期、不同阶段需水量等。

1. 需水总量 作物的需水总量通常用蒸腾系数来表示。蒸腾系数是指作物每形成1g干物质所消耗水分的质量，它表示作物利用水生产干物质的效率。

2. 需水临界期 需水临界期即作物对水分需求最为敏感的时期。在这一时期若水分过多或不足，则会对作物的生长发育和最终的产量和品质产生很不利的影响，即使后期水分供应适宜了，损失也难以弥补。作物一生中，一般前期和后期对水分的需要量较少，中期较多。

3. 不同阶段需水量　作物在不同生育阶段需水量不一样，应制定适宜的灌溉策略。如播种期需要较多底墒水，以保证种子发芽；幼苗期应防水控水，以免造成作物徒长；定植时水要浇透，以促进发根缓苗；缓苗后及时浇水，满足营养生长盛期需水；对有贮藏器官的蔬菜，莲座后期灌1次大水后，中耕以保墒蹲苗，同时必须保持一定的土壤湿度；蔬菜器官生长盛期要增加灌溉频率和灌溉量，以促进高产。

（二）依据蔬菜生长特性进行灌水与保水

根系较浅、喜肥喜湿的蔬菜，如大白菜、黄瓜等应增加灌溉频率；根系较深的蔬菜，如茄果类蔬菜等作物应先湿后干；速生菜应保持不缺水状态；对于营养生长和生殖生长同时进行的果菜如番茄、辣椒等，应避免始花期浇水，在果实基本坐住、长到拇指大小时再进行灌溉。

（三）根据土壤特性灌水

沙性土宜增加灌水次数，减少单次灌水量，并注意增施有机肥改良土质，以利保水；黏土宜浇好底水再播种，增加单次灌水量；盐渍化土壤宜进行表水大浇，以达到洗盐洗碱的目的（表3-1）。

表3-1　不同土壤质地的田间持水量、土壤容重及有效贮水量

土壤类型	田间持水量	土壤容重	土壤有效贮水量	
沙土	8%～13%	1.59～1.85 t/m^3	825～1 320 m^3/hm^2	83～132 mm
沙壤土、轻壤土	13%～20%	1.40～1.64 t/m^3	1 320～2 145 m^3/hm^2	132～215 mm
中壤土	20%～25%	1.33～1.53 t/m^3	2 145～2 640 m^3/hm^2	215～264 mm

（续）

土壤类型	田间持水量	土壤容重	土壤有效贮水量	
重壤土	25%～ 30%	1.19～ 1.40 t/m³	2 640～ 2 805 m³/hm²	264～ 281 mm
黏土	30%～ 37%	1.06～ 1.30 t/m³	2 805～ 3 300 m³/hm²	281～ 330 mm

资料来源：李俊良、金圣爱、陈清、贾小红，《蔬菜灌溉施肥新技术》，2008。

（四）根据气象条件调整进行灌水

在我国季节性差异明显的北方地区，要根据各个季节的气象特点（包括温度、光照条件、降水情况等）确定灌溉制度（表3-2）。

表3-2　设施蔬菜不同季节灌水注意事项

时期	特点	灌溉情况
冬季及早春季节	外界温度较低，光照较弱，作物生长缓慢，蒸腾蒸发量较小	应适当减少灌水量，如果植株处于缺水状态，需保持小水灌，不宜大水灌溉，且应尽量选择在晴天中午灌溉，以免土温大幅度降低引起寒害
3月至6月	温度逐渐上升、作物耗水量和生长量不断增加、蒸腾蒸发量逐渐增大、温室大棚内通风量也随之增加	灌水量逐渐增大，但需确保每次灌水量不宜过大
6月至9月	设施栽培主要防降水和防降温	如降水较多、空气湿度较大，应减少灌水量和灌水次数，并且防涝排渍；如降水少、天气干燥，不产生积水的情况下，可以适当增加灌水量和灌水次数，降低地温，促进作物生长
9月中旬至11月	外界温度逐渐下降，由北向南逐渐开始扣棚	根据作物生长情况应逐渐减少灌水量和灌水次数

资料来源：李俊良、金圣爱、陈清、贾小红，《蔬菜灌溉施肥新技术》，2008。

（五）土壤水分与施肥措施相配合

植物吸收肥料养分与土壤水分含量密切相关，当土壤含水量不足时，养分在土壤中移动性较小，作物对养分的吸收能力较弱；当土壤含水量充足时，养分在土壤中移动性增强，作物对养分的吸收能力也增强，植株长势越旺盛。

同样，施用不同肥料也影响作物抗旱能力。增施磷肥、钾肥，有利于作物抗旱。增施过量氮肥或施肥不足均不利于抗旱：施氮肥过多则枝叶徒长，蒸腾失水大，容易脱水；施氮肥过少则根系发育差，植株瘦弱，抗旱能力弱。多施农家肥能增加土壤中腐殖质含量，有利于增强土壤持水能力。

二、灌溉制度的确定

灌溉制度指根据土壤特性、气候条件和作物种类等确定蔬菜灌水量和灌水频率。就灌水量而言，各种蔬菜的灌水量相差极大，冬春季气温较低、光照较弱，宜选择最小值灌水量，间隔天数一般应在 15～20 d 及以上；在 3 月至 6 月、9 月至 10 月，因为气温较高，应根据温度和空气湿度取值。具体的灌溉时间可根据目测法并结合土壤水分含量来确定。主要蔬菜的灌溉制度如表 3-3 所示。

表 3-3　主要蔬菜的灌溉制度

土壤类型	蔬菜种类	灌溉时期	每次灌水定额（m³/hm²）	
			苗期	中后期
沙土	大白菜、甘蓝、萝卜及绿叶菜类	当土壤含水量下降到田间持水量的 63%～76%时	79～165	132～198
	黄瓜、番茄、甜椒、茄子	当土壤含水量下降到田间持水量的 54%～63%时	185～248	370～413
壤土	大白菜、甘蓝、萝卜及绿叶菜类	当土壤含水量下降到田间持水量的 63%～76%时	163～446	272～535
	黄瓜、番茄、甜椒、茄子	当土壤含水量下降到田间持水量的 54%～63%时	381～668	762～1 114

（续）

土壤类型	蔬菜种类	灌溉时期	每次灌水定额（m^3/hm^2）	
			苗期	中后期
黏土	大白菜、甘蓝、萝卜及绿叶菜类	当土壤含水量下降到田间持水量的63%～76%时	198～561	330～673
	黄瓜、番茄、甜椒、茄子	当土壤含水量下降到田间持水量的54%～63%时	462～842	924～1 403

资料来源：李俊良、金圣爱、陈清、贾小红，《蔬菜灌溉施肥新技术》，2008。

三、几种提高灌溉效率的措施

除了以上灌溉制度原则外，还应根据土壤干湿程度、作物田间形态、栽培方式和目标产量等实际生产情况判断灌溉的用量和时机。

（一）植株形态诊断

依据蔬菜的外观形态表现，判断蔬菜的含水量，确定最佳灌溉时机。如温室叶菜，早晨叶尖溢出水珠较多，说明植株含水量多，可暂时不浇，反之则需要浇水。对于温室黄瓜等果菜类，要看茎端（龙头）的姿态与颜色，茎端萎蔫说明缺水，需要浇水。若番茄、黄瓜、胡萝卜等叶色发暗，中午便略呈萎蔫状态，则需要及时浇水。若甘蓝、洋葱叶色蓝，蜡粉较多且脆硬，则说明已处于缺水状态，需立即浇水；但若叶色淡，中午毫不萎蔫，茎节拔节，说明水分过多，需要排水和晾晒。

（二）培养健壮根系

土壤水分含量直接影响作物根系的生长。如在潮湿的土壤中，作物根系不发达，生长缓慢，植物根系分布于浅层；而在干燥的土壤中，作物根系下扎，可伸展至深层。可以通过在作物苗期减少水分供应，使之经受适度缺水的锻炼，促使根系发达下扎，增加叶绿素含量，提高光合作用效率，促进干物质积累。经过缺水适应的作物其植株体保水能力增强，抗旱能力显著增强。不同蔬菜种类不同时期灌水湿润层深度如表3-4所示。

表3-4　不同蔬菜种类不同时期灌水湿润层深度（m）

蔬菜种类	苗期	中后期
大白菜、甘蓝及绿叶菜类	0.3~0.5	0.5~0.6
黄瓜、番茄、辣椒等	0.4~0.6	0.8~1.0

资料来源：李俊良、金圣爱、陈清、贾小红，《蔬菜灌溉施肥新技术》，2008。

（三）合理整地

田间整地有利于改善土壤水、肥、气、热状况，增强作物的耐湿抗涝能力。合理采用高畦、半高畦，以便在雨涝时迅速排除地面水。畦面不宜过高或过宽，膜不能铺到沟中。当采用沟灌灌水时不应放长垄灌水，应采用长垄沟分段短灌的方式，尽量延长渗水时间以弥补高畦渗水慢的缺点。合理田间整地还可降低地下水和减少耕层滞水，保证土壤水气协调，有利于作物正常生长和发育。

第二节　设施蔬菜养分管理

一、作物养分吸收

作物通过光合作用吸收碳、氢、氧，通过肥料吸收氮、磷、钾、钙、镁、硫、铁、氯、锰、锌、硼、铜、钼等元素。由于品种不同、土壤肥力不同及产量水平和经济系数不同，不同作物的养分需要量（包括主产品和副产品）也不同。合理的养分用量和养分比例有利于作物生长，反之则不利于作物生长，还容易造成养分拮抗、土壤酸化、次生盐渍化等一系列问题。

作物吸收养分的3种途径与土壤中养分的容量、强度之间关系密切，通常情况下是同时存在的。当土壤溶液中养分浓度较低、蒸腾强度较弱时，养分主要靠扩散作用被作物吸收；当土壤溶液中养分浓度高、蒸腾作用较强时，养分供应主要靠质流作用被作物吸收。

蔬菜对土壤养分的吸收量取决于根系发育情况。一般根系入土深而广、须根多、根毛发达的蔬菜如南瓜、冬瓜等，还有根系较大的蔬菜如甜菜、胡萝卜、茄子等，可以从土壤中吸收较多的养分，并能在瘠薄的土壤上生长，对其施肥可粗放些；而根系发育差、分布浅、养分吸收差的蔬菜如黄瓜、洋葱、莴苣等，应在肥沃的土壤上栽培，且要精细施肥。

二、养分管理原则

（一）氮、磷、钾主要元素养分管理

氮、磷、钾属于作物吸收的大量元素，主要通过肥料供应，氮、磷、钾养分合理管理对提高作物产量、提升作物品质至关重要。

氮是植物生长发育必需的大量营养元素之一，约占作物干重的0.3%～5%。它是植物体内蛋白质、核酸、叶绿素和某些激素等物质的重要组成部分，也是影响作物生长、产量和品质的重要因素之一。氮供应不足会造成作物生长缓慢，产量过低；氮施用过多会导致耕层土壤累积现象明显，进而产生很多负面效应。选择氮肥需要先充分挖掘土壤和环境养分资源的潜力，协调作物-土壤综合系统养分投入与支出平衡，推荐用量方法主要有养分平衡法、耕层氮素供应目标值计算法及综合方法等。

磷是植物生长发育必需的大量营养元素之一，它是植物体内核酸、核蛋白、磷脂、植素、ATP和含磷酶的重要组成元素，参与植物体内新陈代谢过程、细胞结构的组成及遗传信息传递等。研究发现，缺磷会严重影响作物的生长和硝酸盐的吸收与同化，不仅抑制作物生长发育，还会使作物减少对硝态氮的吸收；磷充足，既能促进硝酸盐还原同化，也能增强植物对硝态氮的吸收，可提高蔬菜硝态氮含量。磷的推荐用量主要依据土壤肥力分级法和作物养分带走量恒量监控法。

钾是作物生长发育必需的大量营养元素之一，参与作物体内各种代谢过程。钾能够显著提高蔬菜产品品质，并且能够提高作物抗逆性，蔬菜生长所需钾量与钾肥施用量、土壤自然供钾能力、侵蚀

和淋溶程度、其他养分的投入以及作物带走量有密切联系。钾的推荐用量方法主要有养分丰缺指标法、养分平衡法以及综合方法。

（二）补充中微量元素

除了氮、磷、钾等大量元素以外，作物还需要补充中微量元素。近年来随着作物产量的提高，微量元素缺乏导致的缺素症出现较多，如十字花科"干烧心"、脐腐病、草莓缺铁黄化等，因此应注意在作物生长过程中补充中微量元素，尤其是补充钙、铁、锌、硼等元素。

（三）营养元素比例协调

作物所需各种营养物质之间存在交互作用。交互作用分两种：一种元素增加可促进作物对另一种元素的吸收称正交互效应；一种元素含量过多抑制作物对另一种元素的吸收称拮抗作用。当前设施生产中发生的一些缺素症状，往往不是由土壤缺素造成的，而是由拮抗作用引起的。因此，在施肥中不仅要注意肥料用量，还应注意各养分之间的比例，充分利用养分间的相互作用效应，以获得高产。以下为设施生产中常见的养分互作现象。

1. 磷与锌　磷元素对植物体内锌元素有抑制作用，土壤中磷元素与锌元素相互作用形成不溶性的磷酸锌沉淀，磷元素干扰锌元素向地上部运转。

2. 磷与钙　在含钙元素丰富的石灰性土壤中，磷酸与钙发生作用逐渐形成磷酸二钙、磷酸三钙等，降低了磷元素和钙元素的有效性，这种现象又称磷的化学固定。

3. 磷与铁　磷元素的存在常常使铁元素的活性减弱（又叫钝化），钝化现象因作物品种不同而不同，主要取决于植物根系对铁元素的吸收能力。

4. 氮与锌　施用不同形态的氮肥可以改变土壤酸碱度，进而影响作物对锌元素的吸收及作物体内锌的浓度。氮元素对锌元素浓度的影响因作物、土壤等条件的不同而不同。

5. 钾与铁　长期淹水条件下，钾元素将会影响作物对铁元素的吸收，出现高钾低铁的现象。相反，铁元素浓度增加也会影响作物对钾元素的吸收，出现高铁低钾的现象。

6. 钾与锌 施用钾肥可减轻因施用高磷肥所引起的磷、锌拮抗现象。这是因为施钾肥可以增大土壤中吸附态钾的含量，减弱锌元素与土壤的反应，进而提高锌的有效性。

7. 钙与硼 缺钙可以加重植物缺硼症状，而硼含量高时，增施钙肥可以降低硼元素对作物的毒害。

(四) 基肥与追肥配合

基肥既可改良培肥土壤，又可以供应作物全生育期对养分的连续需求。因此，基肥应以施用长效肥为主，以施用速效肥为辅。基肥中除有机肥外，所用的化肥尽可能用颗粒大的长效肥。如磷酸二铵颗粒肥、氮磷钾颗粒肥等。应尽可能延长基肥肥效达两个月以上，使中后期不至于因土壤养分明显减少而影响作物的正常生长。

追肥是在作物生长过程中施用的肥料，宜多用速效肥料，以氮肥施用居多。追肥可弥补基肥或种肥用量的不足，有效调控作物生长。

水肥一体化条件下，施肥与灌水同步，一般建议用有机肥作基肥施用，用氮、磷、钾等速效肥作追肥为主。

(五) 土壤酸碱度调整

土壤 pH 影响土壤养分有效性，进而影响作物对养分的吸收，一般在 pH 6~7 的微酸性条件下，养分的有效性最高，最适宜植物的生长。以氮为例，绝大部分氮素以有机态形式存在，需要经过微生物分解转化为有效态氮才能被利用。而参与有机质分解的微生物多在接近中性的环境下生存，因此氮在 pH 6~8 范围内有效性最大。磷多以磷酸根形式被植物吸收，在酸性条件下易被铁、铝固定，碱性条件下易被钙固定，因而在 pH 6.5~7.5 范围内有效性最高。研究表明，pH 和根系分泌物可以使土壤中的磷活化，如豆科作物固氮可造成根际酸化，导致根际 pH 下降，因此在碱性土壤中，豆科作物可较好地利用碱性土壤中的磷。

铁、锰、锌、铜、钼等微量元素在酸性条件下有效性较高，但酸性过强会溶解过多，对作物产生盐害；在碱性条件下又易被固定导致其有效性降低，造成土壤中铁、锰、锌、铜、钼短缺。钾、钙、镁在酸性土壤有效性较高，但易被淋洗，钙、镁在碱性条件下微溶，可以被保存在土壤中。

三、主要蔬菜养分需求特征

（一）果菜类蔬菜

果菜类蔬菜如番茄、茄子、辣椒，养分需求量较大，其对养分的吸收量取决于果实数量及干物质量。果实部分吸收的氮占植株吸收氮的45%～60%，吸收的磷占植株吸收磷的50%～60%，吸收的钾占植株吸收钾的55%～70%。果实中养分的累积主要集中在开花后。氮、磷、钾营养元素的养分最大需求时期是在开花后10 d到果实临近成熟之前，作物的养分吸收数量随着土壤水分的胁迫程度增加而增大，同时在一定程度上随施氮量的增加而增加。并且其养分吸收呈现有规律的日变化特点，例如在夜间，作物能吸收更高比例的磷。

在微量元素方面，坐果期喷施钙肥可防治番茄脐腐病，并可提高果实硬实度，有利于果实贮藏及运输。对缺铁、缺锰和缺锌比较敏感的作物，应尽早喷施多元微肥，可防治小叶病、黄化症和花斑叶等生理病害。

（二）白菜类蔬菜

白菜类如大白菜、娃娃菜、小白菜等，其生长需要肥沃的土壤、较高的土壤含水量和充足的氮肥供应。如大白菜苗期吸收养分较少，莲座期吸收养分明显增多，包心期吸收养分最多，约占总吸收量的70%。各时期吸收氮、磷、钾的比例不相同，发芽期、莲座期及结球期吸收钾的量最大，其次为氮和磷。

（三）绿叶菜类

绿叶蔬菜如芹菜、莴苣、菠菜等，其根系浅、生长迅速，对肥料需求量大。芹菜属喜钾蔬菜，钾可促进其叶柄粗壮而充实，使其光泽性好，钾有利于改善作物品质，提高作物产量，缺钙会引起芹菜心腐病；莴苣对缺锌、缺铜和缺钼敏感；菠菜对缺铜、缺锌敏感。

(四) 瓜类蔬菜

瓜类蔬菜（黄瓜、西葫芦、冬瓜、丝瓜、南瓜、苦瓜等）属于营养器官与生殖器官同步发育型的蔬菜。其营养特点如下。

大果型瓜类蔬菜（南瓜、冬瓜等）对养分的需求低于小果型瓜类蔬菜（黄瓜、苦瓜等）。小果型瓜类蔬菜如黄瓜耐肥力弱，但需肥量大，一般采用"轻、勤"的施肥方法。大果型瓜类蔬菜如冬瓜、南瓜等则需注重基肥。

植株体内碳氮比重增高时，花芽分化早；氮多时，碳氮比降低，花芽分化推迟。因此苗期营养要注意氮肥、钾肥的施用，并保证氮、磷、钾养分的平衡供应，应注意锰、铜和钙等微量元素的施用。黄瓜对缺锰、缺铜较敏感，尽早喷施多元微肥有较好的增产作用。

(五) 甘蓝类蔬菜

甘蓝类蔬菜包括甘蓝、菜花、花椰菜等。甘蓝在结球前期对氮、磷、钾的吸收量较少，在结球后期对养分的吸收量急速增加。菜花对氮、磷、钾养分吸收量较高，这类蔬菜是典型的喜钙作物，往往因缺钙引起叶缘干枯等生理病害。花椰菜缺硼时易引起叶柄溃裂或发生小叶，花茎中心开裂，花球出现褐色斑点并略带苦味，影响品质，尽早喷洒多元微肥有很好的防病、增产效果。

第三节　设施蔬菜品种选择

选择优良品种是使作物增产的基本措施之一，能在不增加投入的情况下获得较高的产量，从而提高经济效益。相关试验表明，相同生产条件下，优良品种可增产 $10\%\sim30\%$。选择合理的设施蔬菜种植品种，充分发挥品种的丰产优质性能，是实现蔬菜优质高效生产的重要措施。

优质品种应具备以下几个条件：首先，在种植地应能正常完成其生命周期；其次，需要符合生产地区的种植制度，保证其前后茬作物的正常生长和发育；再次，需要充分利用当地的气候条件和生产条件，获得优质丰产；最后，需要具备趋利避害、抗逆性好的特点。具体选择品种时应考虑品种的生产类型、丰产性、生育期、株型、抗逆性、品质类型等指标。品种选择原则具体如下。

一、选择抗病品种

蔬菜减产的主要原因之一是病害，选用抗病品种是丰产、稳产、降低生产成本、减少农药等对产品和环境污染的重要途径。但是，一个抗病品种往往只是抗一种或几种主要病害，生产者在选择品种时应注意选择能抵抗当地主要蔬菜病害的新品种。从生态型差别较大的地区引进新品种时更应注意抗病性问题。另外，抗病也是相对的，如果栽培管理不合理，抗病品种也会发病，甚至发病还会很严重，所以，在生产中仍应科学管理，防止病害的发生和蔓延，这样才能真正发挥抗病品种的作用。同时，同一抗病品种也不能长期使用，否则品种的抗病性易丧失。

二、选择设施专用类型品种

温室、大棚等设施栽培蔬菜，其环境条件与露地不同，选择的品种也不同，而且设施中不同栽培季节也应选择相应的专门品种。适于设施栽培的品种应有以下特点：叶量不宜太大，株型有利于密植和通风透光，能抵抗当地设施栽培中的主要病害，且产量高、品质好、耐低温和弱光等。同时，还应根据设施的特点选择相应的品种。空间较大的温室，生长期较长，栽培番茄、黄瓜等品种一般应选择无限生长型，且选择能保持旺盛的连续生长和结果能力的品种，而在塑料大棚中栽培番茄等可选择有限或无限生长型。

三、选择适宜不同季节的品种

不同的蔬菜品种在不同季节栽培，选择的品种也不一样，如果品种选择错误，会对生产造成巨大损失。如早春反季节栽培大白菜、萝卜等，应选择早熟、抗抽薹能力强、抗病性强、前期耐低温、后期耐高温的春白菜、春萝卜类型；夏季栽培大白菜、萝卜等，应选择耐热、抗病毒病和抗其他主要病害能力强的专用品种，并注意控制播种期。早春栽培花椰菜等，应选择中熟或晚熟的春季生态型品种，如果选择早熟品种就会出现"早花"现象；秋季宜选择早熟的秋生态型品种，如果选择春生态型品种就会造成花球出现晚，甚至不出花球。在选择易于生产无公害蔬菜的种类和品种生产时，如何减少农药和化肥用量一直是大家关注的问题。长期生产番茄、黄瓜等蔬菜的地区，生产过程中病虫害发生严重，农药用量过多。如果适当调整蔬菜生产的种类，特别是选择病虫害发生少、可少用农药的蔬菜品种，将有利于蔬菜生产，如在保护地中栽培生长期较短、收获期灵活的叶菜类蔬菜。

四、根据市场需求选择适宜品种

不同地区的蔬菜消费人群，其消费习惯也不尽相同，对蔬菜的商品性状要求也不同。生产者在组织和安排蔬菜生产时，需要充分调研目标市场商品要求，然后再选择相应的品种。以茄子为例，华北地区的消费者一般喜欢圆茄类型品种，而长江流域的消费者大多喜欢长茄类型品种。

第四节　设施蔬菜病害防治

一、侵染病害

（一）基本概念

侵染病害指病原物通过一定的传播途径传到新生长的植株体上，所引起的病害现象。有些病害在一个生长季节内只侵染一次，有些病害在一个生长季节内可以发生多次再侵染，在田间逐步扩展蔓延，由少数中心病株到成点、成片发生，进而普遍流行，如霜霉病、白粉病、锈病等。

植物传染性病害的流行必须具备 3 个基本条件，即病原物、寄主植物和环境条件，三者都利于病害的发生，病害才能流行。三者同等重要，缺一不可，故被称为病害流行三要素。

1. 病原物 大量病原物的有效侵染是病害流行必须具备的条件。蔬菜侵染性病害中，首先是病原物以真菌形态引起的病害最多，其次是细菌性病害，最后是病毒。病原物的致病力、数量和有效传播是影响病害流行的主要因素。

对于能多次再侵染的病害，如白粉病和锈病等，病原都能产生大量的孢子，有了大量的菌源还必须能有效传播，如依靠昆虫传播的病毒病必须在有大量的传毒昆虫的情况下才可能流行。

2. 寄主植物 种植抗病性差的品种易导致病害流行。许多寄主植物具有明显的感病阶段，当感病品种的感病阶段正好与病原物盛发期、适于病害发生的环境条件以及粗放的栽培管理相遇时，则易促成病害大流行。

3. 环境条件 决定病害流行的环境条件主要包括气象条件和耕作栽培条件。只有在最适宜发病的气象条件下病害才能流行。常见的一些气象因素有温度、降水量、降水日数、相对湿度、夜间结露时间、光照时间等因素，它们都与病害能否流行有密切关系。

耕作栽培制度能引起农业生态体系中各因素间相互关系的变化，从而导致某些病害的流行。设施栽培使病原物及其传播介质有了更好的越冬场所，进而大大增加病害发生的概率，病害的流行往往表现为更多地依赖环境。另外，栽培管理过程中的很多技术环节都与病害发生有关，如灌水不当、忽干忽湿等。

（二）侵染病害的种类

在蔬菜侵染性病害中，由真菌引起的病害最多，其次是细菌性病害。对于只有初侵染的病害，设法减少或消灭初侵染来源，即可获得较好的防治效果。对于再侵染的病害不仅要减少或消灭初侵染来源，还必须采取其他防治措施防止再侵染，如此才能控制病害的发展和流行。

1. 真菌性病害 由真菌引起的蔬菜病害，主要表现出斑点、萎蔫、畸形等病状，细菌性病害也可引起同样的病状，其不同之处在于细菌性病害在发病部位可看到蜘蛛状或絮状的菌丝体，有的还有菌核等菌丝体的变态,而真菌性病害会在发病部位表面长有各种霉状物。真菌性病害的种类很多,如蔬菜的霜霉病、白粉病、灰霉病、疫病、枯萎病等(彩图 3-1),造成的危害最重。防治真菌性病害,一般可选用 72.2％霜霉威盐酸盐水剂、15％三唑酮可湿性粉剂、50％腐霉利可湿性粉剂、50％的多菌灵可湿性粉剂等化学药剂进行防治。

2. 细菌性病害 由细菌引起的蔬菜病害,主要表现出斑点、条斑、溃疡、萎蔫及腐烂等症状。病斑多表现为急性型的坏死斑。病斑初期呈半透明的水浸状,边缘常有油浸头及褪绿的黄色环,在潮湿的条件下,病部溢出菌脓,形成显著的病症。一般采用化学防治法防治细菌性病害,即选择硫酸链霉素可溶粉剂、氢氧化铜可湿性粉剂、络氨铜水剂等化学药剂进行防治。

3. 病毒性病害 由病毒引起的病害多是全株性的慢性病害,外部表象症状常为花叶、褪绿、环斑、枯斑、丛矮及叶片皱缩等。病毒病只有病状没有病征,这常与真菌性病害、细菌性病害相混淆。其区别之处在于病毒性病害的发生有明显的由点到面、逐渐扩大的传播蔓延趋势;病株上出现病状,常从顶端开始,然后扩展到植株的其他部位。病毒的传播依靠昆虫传播、汁液接触和嫁接感染。病毒性病害在高温干旱的条件下危害加重,而非侵染性病害的发生较均匀,不呈现由点到面的扩大。病株常常为全株发病,植株间不能传染,病害的发生与不良环境等因素密切相关。番茄病毒病如彩图 3-2 所示。

(三) 病害的传播

1. 病原物来源

(1) 田间病株的病原物可以在一年生、两年生或多年生的寄主植物上越冬、越夏,因此对大部分蔬菜病害来说,设施菜地的病株也是病原物的来源。

(2) 种子、种苗等带有病原物的各种繁殖材料,在播种和移栽后即可在田间形成发病中心。因此,在播种前进行种苗处理是一项极为重要的防病方法。

（3）土壤和粪肥也是很多病原物越冬或越夏的重要场所。各种病原物常以腐生的方式在土壤中存活，也能以休眠体的形式留在土壤内。以休眠孢子或休眠体形式留在土壤中的有鞭毛菌的休眠孢子囊、卵孢子等，其存活时间长短与土壤湿度有关，一般土壤干燥时其存活时间较长。

在土壤中腐生的病原物分为土壤寄居菌和土壤习居菌两大类。土壤寄居菌是在土壤中随病株残体生存的病原物，当残体腐败分解后它们不能单独存活于土壤中。多数强寄生细菌和真菌属于这一类，例如蔬菜的软腐病病菌和果树的叶斑病病菌等。土壤习居菌对土壤的适应能力强，能长期存活于土壤中并能繁殖，土壤中广泛分布着镰孢霉菌真菌、腐霉菌和丝核细菌等，常造成植株萎蔫或者植株幼苗死亡等症状。

病菌的休眠孢子可随病株残体混入肥料中，也可以直接散落于粪肥中，如堆肥使用的作物秸秆、枯枝落叶等残体。未经充分腐熟的有机肥也可成为多种病害的来源。有机肥料中的病菌经过堆沤和充分腐熟后即死亡，使有机肥充分腐熟也是防治病害的重要措施。

（4）病株残体包括寄主植物的秸秆、残枝、败叶、落花、落果和死根等各种形式的残余组织。绝大部分的弱寄生物，如多数病原真菌和细菌都能以腐生的方式在残体上存活一段时间。病毒也可随病株残体休眠。病株残体可对病原物起到一定的保护作用，增强病原菌对恶劣环境的抵抗力，也可为病原菌提供营养条件，作为病原菌形成繁殖体的能源。当病株残体分解和腐烂的时候，其中的病原物也逐渐死亡和消失，因此病株残体中的病原物存活时间长短一般与病株残体的分解快慢有关。

（5）昆虫等既是病毒、细菌等病原物的越冬场所之一，也是病原物的传播媒介。如瓜类蔬菜萎蔫病病原细菌可在介体甲虫体内存活。

2. 病原物的传播　病原物传播的方式很多，主要分为自然动力传播、主动传播和人为传播三大类。

（1）自然动力传播。即以自然界中风、雨、流水及昆虫和其他动物活动等为病原物传播的主要动力。可以将病原物从越冬或越夏场所传到田间健株上，也可将田间病株上的病原体传到其他健株上，使病害扩展、蔓延和流行，这是自然状态下最主要的传播方式。自然动力传播分为气流传播、雨水传播和昆虫传播。

（2）主动传播。指病原物依靠自身动力进行传播，如真菌游动孢子和细菌均可借助鞭毛在水中游动，线虫能在土壤中蠕动，真菌外生菌丝或菌索能在土壤中生长蔓延。这些均属于主动传播，是病原物长期演化形成的特性，有利于病原物主动接触寄主，但这种传播方式距离较短，仅对病菌的传播起辅助作用。

（3）人为传播。指人类开展农事操作过程中产生的传播，如施肥、灌溉、播种、移栽、修剪、嫁接、整枝和脱粒等活动都可能传播病害。番茄、辣椒在育苗移栽、打顶去芽时均可能传播病毒病，人工嫁接也可能传播苹果锈果病等。

（四）常见农业防治方法

1. 清园　蔬菜收获后，很多病菌附在蔬菜残枝上散落田间，进入土壤，可能成为下茬蔬菜的污染源。菜农应在蔬菜生长后期加强病害防治，直接减少病原菌基数，可在每茬蔬菜收获后，彻底清除蚯蚓及残枝树叶，对于根系易感病害的蔬菜还要清除残根。

2. 深耕　深耕的目的是破坏病菌的生存环境，一般要求每次收获后深耕 40 cm，借助自然条件，如低温、紫外线等杀死一部分病菌。在夏季蔬菜换茬间隙，深耕后灌足水，盖上塑料薄膜进行高温消毒，此法可使土层 10 cm 深处最高温度达 70 ℃，能够杀死大量病菌，这是一种简单、有效的防控方法。

3. 轮作　合理轮作不仅能提高作物本身的抗逆能力，而且能使潜藏在土壤中的病原物经过一定的期限后大量减少或丧失侵染能力。蔬菜轮作分为两大类：一是不同蔬菜种类之间的轮作，要求根据病原物在土壤中的存活时间，确定同类蔬菜种植的间隙时间；二是蔬菜与粮食作物之间的轮作。

4. 换土　对一些较为固定、品种选择余地小且投资大、效益高的蔬菜设施栽培，如日光温室，可采用换新土的办法控制土传病害，具体为换去耕层表土，补充无毒表土。

二、非侵染性病害

非侵染性病害指的是由环境条件变化，如温度过高或过低、水分不调、有毒物质存在及营养不全等问题引起的病害。

（一）环境因素

1. 闪苗　闪苗是指在通风不良的条件下，幼苗生长环境突变而引起的一种生理失衡病变。主要表现为揭膜之后，幼苗很快发生萎蔫，叶缘上卷，叶片局部或全部变白干枯，但茎部尚好，严重时幼苗整株干枯死亡。发生原因是苗床内外温差较大且床温超过 30 ℃时，猛然大量通风，空气流动加速，叶片蒸发量会剧增，此时幼苗失水过多，形成生理性干枯。同时因冷风入床，幼苗在较高的温度下骤遇冷流，也会很快产生叶片萎蔫现象，进而干枯，因此闪苗亦称冷风闪苗或冷闪。

预防措施是适时正确控制通风量，一般随气温升高通风量由小渐大，通风口由少增多。通风量的大小应以使苗床温度保持在幼苗生长适宜范围内为标准。还要正确选择通风口的方位，应使通风口在背风一面。

2. 高温　当温度超过作物生长最适温度范围后，会对作物产生伤害。高温的危害主要是：破坏作物光合作用和呼吸作用的平衡，使呼吸作用强度超过光合作用，结果导致作物因长期饥饿而死亡；高温也能促进作物蒸腾作用，破坏作物水分平衡，使叶片萎蔫干枯；高温还能使叶片过早衰老，造成高温逼熟。

在气温多变的育苗管理中期，晴天中午若不及时揭膜，进行通风降温，那么温度会迅速上升，当苗床温度超过 40 ℃时，就容易产生烧苗现象。烧苗还与苗床湿度有关，苗床湿度大则烧苗轻，湿度小则烧苗重。

晴天要适时适量做好苗床通风管理，使苗床温度白天保持在 20～25 ℃。并及时进行苗床遮阴，待高温过后苗床温度降至适温时再逐渐通风，可适量从苗床一端闭膜浇水，夜间揭除遮阴物，次日再进行正常通风。

3. 冷害 作物遇到零上低温，生命活动受到损伤或死亡的现象，称为冷害。冷害是由于低温环境下作物水分代谢失调，酶促反应的平衡受到破坏，正常的物质代谢被扰乱，因而作物受害。也有人认为是由于酶促作用的水解反应加强，作物的新陈代谢被破坏，原生质变性，透性加大，因此作物受害。作物受害后，当时症状不明显，经过一段时间，才出现受害状或死亡。作物死亡前叶绿素被破坏，叶片变黄、枯萎。造成冷害的原因是：在低温、昼夜温差大及土壤干燥的情况下，作物根系吸水能力降低，蒸腾减弱，水分平衡失调；作物因失水过多，出现芽枯、顶枯或茎枯等现象，进而死亡。

（二）栽培因素

1. 沤根 沤根指的是幼苗长时间不发新根、不定根少或完全没有，原有根皮发黄呈锈褐色且逐渐腐烂的现象。沤根初期，幼苗叶片变薄，阳光照射后白天萎蔫，叶缘焦枯，逐渐整株枯死，病苗极易从土中拔起。

沤根多发生在幼苗发育前期，北方多在 3—4 月发生。主要原因是苗床土壤湿度过高，或遇连阴雨天气，床温长时间低于 12 ℃，光照不足，土壤过湿缺氧，根系正常发育受限，以致超过根系耐受限度，故根系逐渐变褐死亡。

防治沤根应注意天气变化，做好通风换气管理，可向苗床内撒干细土或草木灰降低床内湿度，同时认真做好保温工作，可用双层塑料薄膜覆盖，夜间可加盖草帘。

2. 烧根 烧根现象多发生在幼苗出土期和幼苗出土后的一段时间，多与床土肥料种类、性质、数量密切相关，有时也与床土水分和播后覆土厚度有关。如苗床培养时施肥过多，肥料浓度过高，则易产生生理干旱性烧根；若施入未腐熟的有机肥，经灌水和覆膜，有机肥发酵，产生大量热量，土温骤增，使根际土温剧增，也易导致烧根；施肥不匀、灌水不均或畦面凹凸不平亦会出现局部烧根；若播后覆土太薄，种子发芽生根后苗床温度高，表土干燥，也易导致烧根或烧芽。

预防烧根的措施是施用充分腐熟的有机肥,氮肥施用不得过量,肥料施入床内后要同床土掺和均匀,整平畦面,使床土虚实一致,并灌足底水。此外,播后覆土要适宜,以消除土壤烧根因素。出苗后宜在晴天中午及时浇清水,稀释土壤溶液,随后覆盖细土,封闭苗床,中午注意苗床遮阴,促使增生新根。

3. 徒长 徒长是苗期常见的生长发育失常现象,指的是幼苗茎秆细高、节间拉长、茎色黄绿、叶片质地松软、叶身变薄、色泽黄绿、根系细弱等现象。

徒长的主要原因是温度偏高、湿度过大、播种密度和定苗密度过大、氮肥施用过量等。此外,阴雨天过多、光照不足也是原因之一。

防治徒长应依据幼苗各生育阶段特点及其温度特征,及时做好通风工作,尤其是晴天中午更应注意通风。苗床湿度过大时,除加强通风排湿外,可在育苗初期向床内撒细干土;依苗龄变化,适时做好间苗定苗,以避免相互拥挤;光照不足时宜延长揭膜见光时间。如有徒长现象,可用 200 mg/kg 矮壮素药液进行叶面喷雾,苗期喷施 2 次,可控制徒长,增加茎粗,并促进根系发育。

4. 僵苗 僵苗又称小老苗,是苗床土壤管理不良和苗床结构不合理造成的一种生理障害。表现为幼苗生长发育迟缓,苗株瘦弱,叶片黄小,茎秆细硬并呈紫色。此种苗虽然苗龄不大,但看起来像老苗一样,故称小老苗。

苗床土壤施肥不足、肥力低下(尤其缺乏氮肥)、土壤干旱,以及土壤质地黏重等不良栽培因素是形成僵苗的主要因素。另外,用透气性好但保水保肥能力很差的土壤育苗,如沙壤土育苗,更易形成小老苗。若育苗床上的拱棚低矮,也易形成小老苗。

防治小老苗,要施足腐熟的有机肥料,也要施足幼苗发育所需的氮、磷、钾营养,氮肥尤为重要。同时,要灌足浇透底墒水,适时巧浇苗期水,使床内水分(土壤持水量)保持在 70%~80%。

（三）主要缺素症

由缺乏营养元素引起的症状具体如下。

1. 缺氮　植株矮小长势弱，叶色失绿，叶片较细小；叶片变黄无斑点，从下而上逐扩展；根系细长且稀少，严重时下叶枯黄脱落；花果少而种子小，产量下降成熟早。

2. 缺磷　植株矮小和瘦弱，生长缓慢分枝少；叶色暗绿无光泽，柄缘紫红易脱落；次生根系生长少，产量质量均不高；缺磷下叶先表现，逐渐向上再发展；花果稀少茎细小，上市拖延采期超。

3. 缺钾　老叶叶缘先变黄，进而变褐焦枯状；叶片出现褐色斑，严重叶片红棕干；叶脉色绿仍不变，褐色斑点常相伴；根少短小无抗性，感染真菌易得病。

4. 缺钙　缺钙先看幼嫩叶，植株未老就早衰；凋萎坏死生长点，叶片皱缩边黄卷；叶尖弯钩缘枯焦，株倒簇生结实少；根尖细脆易腐烂，幼叶曲卷叶尖枯。

5. 缺镁　变态发生中后期，先看老叶始失绿；尖缘脉间色泽变，淡绿变黄紫色显；基部中央逐扩展，网状脉纹清晰见；叶脉显绿无异样，植株大小如往常。

6. 缺硼　缺硼先看幼嫩尖，花而不实易常见；植株尖端易发白，顶芽生长易枯萎；生长点下易萌生，植株分枝成丛状；新叶粗糙呈淡绿，叶片皱缩变脆易；柄茎粗短常开裂，水渍斑点环状节。

第五节　设施蔬菜田间栽培管理

一、温室环境条件特点及调控原则

日光温室环境条件是人工小气候。一方面，它的调控受外部大气候条件和设施结构的限制，因此其小气候调控的范围是有限的；另一方面，它属于逆外部环境调节，有自己的规律。

（一）环境条件特点

光、温、湿三要素对设施蔬菜都有着极其重要且不可代替的影响，但它们之间又相互联系、相互制约。白天光照增强，气温升高，湿度减小；夜间光照减弱，气温下降，湿度增大。为保温应早盖草帘，但室内光照时间缩短。这使室内温度高、湿度大、光照前后不匀。

光、温、湿三要素中，温度是限制性因素，只有克服了温度障碍，冬季光照利用才有可能。就单因子看，只有室温高对蔬菜是有利的，弱光和高湿环境不利于蔬菜的生长发育。

（二）设施蔬菜生理活动规律

设施蔬菜每天的生理活动可分为 3 个时间带。

1. 光合作用时间带　蔬菜在白天进行光合作用，吸收养分并合成有机物。其中上午光合作用强，一般完成同化物量的 70%～80%；下午光合作用减弱，完成同化物量的 20%～30%。

2. 光合产物转运时间带　不同蔬菜的同化产物大量转运时间不同。一般叶片大、叶脉复杂的瓜果类蔬菜的同化产物转运以夜间为主，而叶片小、叶脉简单的瓜果类蔬菜的同化产物在合成后立即转运，基本都白天转运。

3. 呼吸为主的时间带　同化产物转运过程结束后，夜间便开始进行呼吸作用，由于呼吸消耗会随着温度的升高而增加，因此较低的温度有利于减少呼吸消耗。在地温有保障的前提下，能保证蔬菜夜间正常生长发育的温度一般为 10～13 ℃。

（三）日光温室小气候调控原则

蔬菜生理活动需要在特定环境条件下进行。

不同蔬菜对气候条件的要求不同，同种蔬菜在不同的生育阶段对小气候条件的要求也不相同，因此小气候调控必须根据蔬菜生长发育的需要进行实时调控。

在调节其中某个因素时，常会引起其他因素的变化，因此必须采用综合调控措施。

调控小气候时需从生产实际出发，抓主要矛盾，如冬季和早春主要考虑增温和保温这两个关键问题，同时应注意市场需求及经济效益等。

二、设施光照特点及影响因素

(一)设施内光照分布

光照强度是指温室内单位面积上所接受可见光的光通量，单位是 lux。室外自然光强与设施的透光能力决定了设施内光照强度，设施内光照强度明显小于室外，一般设施内 1 m 以上高度的光照强度为室外自然光照强度的 60% 左右。

设施一般以中柱为界把室内分为前部强光区和后部弱光区。南北方向上强光区内光照强度差异不大，尤其是温室前沿至中柱前 1 m 是光照最佳的区域。由于山墙遮阴作用，午前和午后在东西两端分别形成两个三角形弱光区，它会随着太阳在空中位置的变化而收缩和扩大，正午时会消失。全天光照最好的区域是设施中部。垂直方向上，光照强度从上往下递减，且其递减度比室外大。在弱光区，水平方向与垂直方向上的光照强度差异都很大。

(二)设施内光照的调节

1. 改善薄膜的透光能力，增强保护地的自然光照强度 用于设施的各种覆盖材料，主要指薄膜，其对红外线长波辐射的透过率均较小。白天短波辐射进入设施内，经土壤及作物吸收之后，又以长波的形式向外辐射，但长波几乎不能透过覆盖材料，使得设施内长波辐射增多，这也是设施具有保温作用的原因之一。

各种覆盖材料透过红外线长波辐射的顺序是：聚乙烯＞聚氯乙烯＞玻璃。在可见光区域内，新塑料薄膜和玻璃透光率大致相同，但是老化的塑料薄膜与玻璃由于被污染或者附着水滴等，其透光率仅为 50%～60%。首选的改善措施为选用无滴膜以提高透光率，其次是保持薄膜清洁，增加清除灰尘及其他杂物污染的频率，包括内表面的水滴等，以增加覆盖材料的透光率。

2. 人工补光 人工补光常用于在连阴天气改善日光温室的光环境。人工补光的光源可分为 3 种：白炽灯、荧光灯和高压气体放电灯。白炽灯价格便宜，但光效低，光色较差，目前只能作为一种辅助光源。荧光灯价格便宜，发光率高，主要通过改变荧光粉的成分来获得某种波长的光，如用于育苗的荧光灯需加强蓝光和红光的部分，荧光灯的寿命长达 3 000 h 左右，是目前施用较为广泛的一种光源。荧光灯的主要缺点是功率较小。高压气体放电灯有金属卤化物灯、氙气灯等，属于现代光源，其中金属卤化物灯光效高、光色好、功率大，是目前高强度人工补光的主要光源（彩图 3-3）。氙气灯功率高达几千瓦以上，可见光部分波长接近自然光；但其热负荷大，成本高，光效较低，红光部分比自然光强。这种灯的寿命是金属卤化物灯的 4～5 倍。

人工补光要求电光源必须具备以下几个条件：①光照强度在 3 000 lux 以上；②光照强度应具备一定的可调性；③有一定的光谱组成，最好具有太阳光的连续光谱。人工补光的成本较高，生产上尚未普遍应用，绝大多数情况下还要依靠自然光。

3. 遮阳 为防止高温、强光对菜叶、果实造成灼伤及高温障碍，改善室内作业环境，可采用遮阳技术。比较先进的遮阳覆盖材料主要有遮阳网和防虫网，两者在设施蔬菜栽培上能表现出较好的效果。

（三）其他辅助措施

1. 适时揭、盖草帘，调节室内光照度和光照时间 早上揭帘以揭帘后室内温度短时间下降 1～2 ℃、随即温度回升时为宜。傍晚盖帘以盖帘后室温上升 2～3 ℃、随后缓慢下降时为宜。如遇大雪天气，尽可能在中午时分揭开草帘见光，只要室内温度不下降，就可尽量延长见光时间；如遇大风天气，应揭开下部草帘并固定好，使温室下部见光；如遇连阴天后骤晴，可采用"花帘"的办法，让植株逐步适当见光。在可以保证设施内温度适宜的前提下，应尽量早揭晚盖多层保温覆盖材料，以延长日照时数。保温材料一般有活动天幕、草苫、室内小拱棚等。

2. 张挂反光幕 充分利用直射光、反射光在幕前栽植的蔬菜植株上的叠加，以改善光照条件，增加光合产物。

3. 调节光质 调节室内光质可利用彩色薄膜、聚乙烯转光膜等覆盖材料。聚乙烯转光膜可以将太阳光中的紫外线转化成红光或红橙光，减少紫外线。红光和橙光可以增强作物光合作用，提高光能利用率、室内气温和地温，而紫外线对作物无益。

4. 加强田间管理　设施田间管理时应注意以下几点：同一种蔬菜移栽定植时，应确保秧苗大小一致、植株生长整齐以减少株间遮光；最好以南北向做畦定植，让植株尽量多采光；适时吊蔓，使整个温室内的植株生长点分布在南低北高的斜面上，使植株高低错落有序，最大程度减少株间遮光的现象；合理安排作物种类和种植形式，弱光区种耐阴蔬菜，强光区种喜光蔬菜；加强植株整理，及时进行整枝、打杈、去老叶等田间管理工作，增大作物采光量，同时改善室内通风透光条件。还应注意作物的合理密植及栽培方向，通常日光温室内南北向种植的受光较好，塑料大棚则以东西垄向种植为佳。

三、设施温度环境及调节技术

（一）温度与蔬菜生长

1. 温度三基点　作物生长发育和维持生命均要求有一定的温度范围。这个温度范围内存在着最高界限温度、最适温度和最低界限温度，即温度三基点。

作物在最适温度条件下，不仅生命活动正常，而且生长发育迅速。但是，如果温度超过生长发育的最高或最低界限，作物的生长发育就会停止。如果温度超出维持生命的最高或最低界限，作物就有可能死亡。一般光合作用的下限温度为 0.5 ℃，最适温度为 20～25 ℃，上限为 40～50 ℃；而呼吸作用的三基点温度分别为 −10 ℃、36～40 ℃和 50 ℃。

只有光合作用制造的有机物超过呼吸作用消耗的有机物时，作物才会因有机物质的积累而进行生长；但是在弱光、高温条件下，呼吸作用消耗的有机物会大于光合作用制造的有机物，作物的生长发育会因此而受到影响，甚至会死亡。最适温度与实际温度的差值越大，作物的有益生命活动越弱，当达到一定限度时，作物虽可以生长，但已失去了经济价值，这一界限被称为经济栽培的临界温度（表 3 - 5）。

表 3-5 几种叶、根、花菜类蔬菜的生育适温及界限温度（℃）

蔬菜种类	气温		
	最高气温	最适气温	最低界限
菠菜	25	20～15	8
萝卜	25	20～15	8
白菜	23	18～13	5
芹菜	23	18～13	5
茼蒿	25	20～15	8
莴苣	25	20～15	8
甘蓝	20	17～7	2
花椰菜	22	20～10	2
韭菜	30	24～12	2
温室韭黄	30	27～17	10

2. 蔬菜作物的温周期 自然环境条件下，温度的日变化规律为昼高夜低，即白天高夜晚低，且后半夜更低。而植株在长期的进化过程中，其生长发育已经适应了温度日变化规律，白天温度高有利于植物进行光合作用；前半夜温度转低既有利于运输植物叶片中的光合产物，又可以减少呼吸作用对植物体内物质的消耗；后半夜温度继续降低，有利于进一步抑制呼吸作用，促进植物光合产物的积累和生长发育。植物一天中适应温度昼高夜低的变化，才能正常生长发育的现象称为温周期。不同种类蔬菜的温周期不同，即对昼夜温差的要求不同。如番茄在白天温度 24～28 ℃、夜晚温度 15～20 ℃条件下生长发育较好；而黄瓜在白天温度 25～30 ℃、夜晚温度 15～18 ℃条件下生长发育较好。此外，同一种类蔬菜的不同生育阶段对昼夜温度的要求也不同。如辣椒幼苗适宜温度为白天 23～25 ℃、夜间 15～20 ℃，结果期适宜温度为白天 23～27 ℃、夜间18～23 ℃。

3. 地温 蔬菜正常生长发育还要求有适宜的地温。蔬菜作物根系的生长和活性、对土壤中微生物的活动以及对有机质的分解矿化等均受地温影响，进而影响根系对养分和水分的吸收。果菜类蔬菜种类间所需的适宜地温相差较小，最适地温多在 15～20 ℃，最高温度界限多在 25 ℃，最低温度界限多在 13 ℃（表 3-6）。当地温低于 12 ℃时，多数果菜类蔬菜对磷的吸收明显受阻；地温低于 10 ℃时，对钾和硝态氮的吸收受明显影响，同时土壤中硝化细菌的活动受到抑制，铵态氮不能很快转化为硝态氮，但地温低于 10 ℃对铵态氮、镁和钙的吸收影响较小。当地温高于 25 ℃时，由于根系呼吸作用加强，易造成根系衰老，同样也影响根系对水分和养分的吸收。

表 3-6　几种果菜类蔬菜生育的适宜气温、地温及界限温度（℃）

蔬菜种类	昼气温		夜气温		地温		
	最高界限	最适温	最低界限	最适温	最高界限	最低界限	最适温
番茄	35	20～25	5	8～13	25	13	15～18
茄子	35	23～28	10	13～18	25	13	18～20
青椒	35	25～30	12	15～20	25	13	18～20
黄瓜	35	23～28	8	10～15	25	13	18～20
西瓜	35	23～28	10	13～18	25	13	18～20
温室甜瓜	35	25～30	15	18～23	25	13	18～20
普通甜瓜	35	20～25	8	10～15	25	13	15～18
南瓜	35	20～25	8	1～15	25	13	15～18

（二）温度调控的原理及分布特点

1. 温度调控的原理　日光温室热环境形成的能量主要来自太阳辐射。太阳辐射是短波辐射，可透过薄膜进入室内，后被土壤和空气吸收并转化为热能，使环境温度升高。温室内土壤也可以不断向外辐射能量，而且温度越高向外辐射的能量越多，但地面辐射属红外热辐射。短波辐射可以进入塑料薄膜，但地面长波辐射由于被塑料薄膜阻挡，从而造成辐射能量在温室内的积累，使温室内部气温升高，这种现象称温室效应。温室内外热量传导的另一种重要方式是对流，密封的温室可以抑制对流，减少热量外传，这种现象称密封效应。此外，传导是热量外传的另一种方式，多层覆盖能在一定程度上减少热量外传。

2. 温度在温室内的分布特点　最低气温一般出现在刚揭帘之后，出现在上午8:00左右，随后室内气温逐渐上升。不通风条件下，平均每小时升高6~10℃。中午12:00之后气温上升的速率逐渐降低，13:00—14:00达到最大值，14:00后气温缓慢下降，15:00后气温下降速度加快。盖草帘后室内气温会升高1~2℃，而后气温会缓慢下降，直至次日揭帘。夜间气温下降的幅度不仅取决于天气，还取决于温室管理措施。例如用草帘覆盖时，夜间气温下降4~7℃，多云、阴天时，气温下降1~3℃；12月至翌年1月一般会出现温室内外温差最大值。

日平均气温水平方向上分布不均，距北墙3~4 m处气温最高，由南向北递减。高温区附近，南北方向上气温差异不大，而在前沿附近和后坡下气温梯度较大。白天前坡下的气温高于后坡，夜间前坡下的气温低于后坡；温室中柱前1 m处，垂直方向上气温上高下低，且存在一个低温层，一般1月低温层在1 m高处，2月在2 m高处。

由于山墙遮阴和墙上开门的影响，东西方向上气温也不相同，远离门的一端气温高于近门端；晴天13:00左右温室气温达到最大值，与室外相比，时间稍有提前，阴天最高气温出现时间受太阳高度和云层厚度影响。前坡下的最高气温明显高于后坡下的。垂直方向上最高气温也存在差异，密封高温闷棚时，温室上部气温一般会比下部高5℃以上。

室内最低气温随外界最低气温下降而下降。当外界最低气温高于-8℃时，室内最低气温一般会高于10℃；当外界最低气温低于-8℃时，室内最低气温多介于8~10℃之间。最低气温受强冷空气活动和连续阴冷天气的影响，尤以连续阴冷天影响最大。连续阴冷天气之后常出现最低气温。最低气温在温室内呈现由北向南递减的规律。

气温日较差是表示气温日变化的一个重要特征量，主要影响作物糖分的积累。温室内部南北方向上日较差有明显差异，从中柱向南差异逐渐增大，因此温室前部作物产量常高于后部。温室前后气温日较差不同主要是由于前部最高气温高于后部，最低气温低于后部。

（三）环境温度的调节措施

温室或大棚内温度调节包括保温、增温、降温等方面。

1. 保温　保温比是指土地面积与温室或大棚覆盖和围护材料的表面积之比，即温室或大棚设施越高，保温比越小，保温效果越差；反之保温比越大，保温效果越好。但日光温室后墙和后坡普遍较厚，因此增加日光温室的高度对保温比的影响较小。而且，在一定范围内，适当增加日光温室的高度，反而有利于调整屋面角度，改善透光，增加室内太阳辐射，起到增温的作用。

提高温室整体的密封性，可大大减少热量的散失。温室里的热量很多时候是从门、墙缝、脊檩处等间隙处散出的，因此建造时应尽量提高温室密封性。

后坡的长度和厚度也要适当。可以在温室的后墙、山墙外堆积防寒土或挖防寒沟，沟内可填充稻壳、蒿草等导热率低的材料。为切断温室内土壤与外界的联系，减少土壤热量横向散出，一般将防寒沟设置在温室的周围。土壤热量水平传导的减少，可显著增加温室前部地温。一般防寒沟可使温室内 5 cm 深处地温提高 4 ℃左右。

2. 增温　采用多层覆盖可以增温。一般选用草帘和防寒膜实现双层覆盖，以避免出现温度逆转。冬春季节，夜间温室内外的长波辐射均较强烈，如果只有薄膜而不添加其他覆盖物，就会出现温室内部的气温低于室外的现象。

正确掌握揭盖草帘的时间也是影响温度的重要因素。虽早揭晚盖能增加室内光照时间，但揭草帘的时间太早或盖草帘的时间过晚均会导致气温显著下降。如果盖草帘后，气温没有回升而是一直下降，则表明草帘覆盖得过晚了。一般情况下，揭草帘后气温短时间内会下降 1～2 ℃，然后可以回升，但如果揭草帘后气温没有下降而是立即升高，则说明揭开草帘过晚了。生产上也可根据太阳高度来掌握揭帘时间，一般当阳光能照在整个棚面时即可揭开。种植黄瓜、番茄的温室，盖帘时室温不能低于 18 ℃。在严寒或大风天，需要适当早盖晚揭。阴天时也可适时揭帘，这样能充分利用散射光，气温也会有所回升。温室内采用起垄栽培方式，利用地膜覆盖、膜下灌水也可适当提高地温，一般可增加 1～3 ℃，也可通过增加近地光照增温。另外，增施有机肥、埋入酿热物等也都可以提高地温。

3. 降温 夏季栽培需要降低室内温度，通风是最常用的降温手段。日光温室多采用自然通风的方式。可以用两块或三块棚膜拼接成一道或上下两道放风口，上放风口一般处于温室前坡最高处附近，下放风口距地 1 m 左右处即可。上下放风口同时开启时，降温排湿效果最为明显。通风降温要根据季节、天气状况及栽培作物种类等灵活调控，冬季和早春时通风应选择在外界气温较高时进行，而且要注意严格控制通风口大小和通风时间，放风时间过长或过早或开启的风口太大，都可能使气温急剧下降，所以一般冬季和早春不宜放早风。

喷雾降温也是现在常采用的方法之一。此法需在进风口处安装喷雾器，用循环水喷洒进入室内的热空气，由水汽化带走多余的热量，从而降低温室温度。

四、设施环境湿度及调节技术

设施内的湿度包括土壤湿度和空气湿度两个方面，这两个方面与露地有所不同。因此，充分认识和了解设施内的湿度条件和相关调节技术，对于设施蔬菜生产是十分必要的。

(一) 设施空气湿度

1. 设施空气湿度特点 设施空气中的水汽主要来源于土壤表面蒸发的水分和植株蒸腾的水分，由于温室密封性好，保温且通风量小，所以水汽不易外散，常在温室内积累，从而形成了一种比较稳定的高湿环境。与室外相比，设施内空气相对湿度较高且不易随外界条件的变化而改变。空气湿度过大易使作物茎叶生长繁茂，造成徒长，严重时还易发生病害，如黄瓜霜霉病、番茄叶霉病、晚疫病等。设施内空气湿度变化与温度正相反，空气湿度随着温度的升高而下降，最低值通常出现在中午 13：00—14：00，最高值一般出现在凌晨。

设施空气湿度与设施容积大小相关，容积越大空气相对湿度越小，湿度的日变化也越小，但此时区域湿差较大。反之，设施容积越小，空气相对湿度更易达到饱和，日变化相对剧烈，但区域湿差较小。此外，浇水后湿度会增大，放风后湿度则会减小；晴天、刮风天设施空气湿度相对低，夜间、阴天、雨雪天空气湿度相对较高，一般可到 90％以上。

2. 空气除湿措施　空气除湿的方法较多，但大致可分为被动除湿法和主动除湿法两种。所谓被动除湿法是指不靠水蒸气或雾等的自然流动，不用人工动力或电力等，使设施内保持最佳湿度的一种方法。主动除湿法是指用人工动力，依靠水蒸气或雾等的自然流动，保持设施内适宜湿度环境的一种方法。具体措施如下。

（1）被动除湿法。

一是减少灌水，这是降低空气湿度的根本措施。减少灌水可抑制土壤表面蒸发和作物蒸腾，提高室温和空气温度饱和差。这样便可降低空气湿度。因此，正确选择浇水的时间和浇水量，是调控室内空气湿度的关键措施。具体要做到"六浇、六不浇"：晴天浇水、阴天不浇水；午前浇水，午后不浇水；浇温水，不浇冷水；浇小水，不浇大水；浇暗水，不浇明水；只小沟浇水，不大沟浇水。

二是选用透湿性和吸湿性良好的保温材料。透湿性和吸湿性好的保温材料能够防止内表面结露，并防止露水滴落在植物体上，从而降低空气湿度。消雾无滴膜不仅有普通无滴膜的通光率高、保温性好、防老化及无滴等特点，还能使室内靠近棚膜空气中的水分吸附到膜的内表面，形成水向下流滴，从而防止和消除棚内的雾气，降低空气湿度，使用消雾无滴膜的设施内空气温度一般比使用普遍无滴膜的低 $10\%\sim12\%$，从而大大减轻了病害的发生。

三是增大透光量。增大透光量可以使室温升高，温度升高可以起到降低相对湿度的目的，另外温度升高后，常进行通风换气，也能达到除湿的目的。

四是采用自然吸湿法。利用稻草、麦草、吸湿性保温幕等材料自然吸附水蒸气或雾，达到除湿的目的。地面覆草，在大行垄沟内铺 $5\sim6$ cm 厚的麦糠、麦草（最好切碎）或其他秸秆等，能减少土壤水分蒸发，避免室内湿度过大，还具有抑制杂草滋生蔓延、增温、释放 CO_2 等作用，同时也为下茬增施了有机肥。

（2）主动除湿法。主动除湿法最常用手段是通风换气。当设施内温度较高、湿度较大时，可以打开通风口，使室内外空气对流，将室内水汽扩散出去以达到降低湿度的目的。一般当室内白天温度超过 30 ℃即可打开放风口，换气排湿，同时补充 CO_2 含量。如晴天中午，设施内温度超过 35 ℃时，应延长中午放风时间并逐渐加大通风口，使室内温度保持在 $28\sim30$ ℃。空气相对湿度不应高于 60%。

主动除湿的方法有以下几种：一是增温除湿，即当设施温度较低时，可以采用人工增温的方法降低室内相对湿度。如 16 ℃时相对湿度为 100%，而温度升高到 18 ℃时，相对湿度可降至 85%。二是冷却除湿，主要是通过降低温度使室内水蒸气结露，强制排除过多水蒸气，达到除湿的目的。三是使用粉尘剂、烟雾剂等农药强制吸湿。烟雾剂点燃后可以燃烧，但没有火焰，农药的有效成分因受热而气化，在空气中受冷凝聚成颗粒，沉积在植物表面，达到防病的目的。粉尘剂是农药原药加上填料混合加工成的超细粉粒，用喷粉器喷施，使粉尘颗粒在棚室内形成飘尘，并长时间悬浮弥漫，最后均匀地沉落在植株各部位，如此也能降低湿度。注意施药前应关闭棚室，采用退行喷药法，即先从一端摇喷，让喷粉管上下左右均匀摆动，然后沿走道向后退行至出口处，再把门关上，施药宜在早晚进行。施用烟雾剂和粉尘剂，既能防治病害，又能降低空气湿度。

（二）设施土壤湿度

1. 设施土壤湿度的特点　设施是一个半封闭系统，其内部的空气湿度较高，因此水分蒸发和蒸腾量很少，土壤湿度较大。土壤湿度取决于灌水量、灌水次数及作物的耗水量。当温室处于灌水量大、棚膜封闭且室内高湿的环境时，棚膜内凝结的水滴不断向地面滴落，易造成地表土壤湿度偏高。设施土壤湿度不受降水的影响，且土壤水分是向上运动的。土壤湿度存在着一定的湿差。通常设施中间部分土壤湿度较大，而四周或加温设备附近的土壤湿度较小。

2. 设施土壤湿度的调节措施　设施土壤湿度调节的措施主要是灌水，包括灌水期、灌水量、灌水方法等。

（1）确定灌水期。根据土壤水分状况确定灌水期，一般根据土壤水分与作物生长发育的关系，确定灌水期。

（2）灌水量。灌水量与作物种类、气象条件、土壤条件以及作物的生育状况、设施内通风状况、温度、地膜覆盖等因素均有关，确定过程比较复杂。较科学的办法是采用蒸发蒸腾比率来确定一次灌水量。设施蔬菜中，黄瓜的需水量最大，其次是甜椒、番茄、茄子和芹菜。黄瓜等瓜类蔬菜以少灌、勤灌为宜，但在寒冷季节，需注意观察地温变化，避免频繁灌水而使地温降低。

五、设施气体及调节技术

设施内的气体，尤其是二氧化碳和一些有毒气体能直接影响作物生长发育，而且在极端条件下会严重影响作物产量和品质。

（一）二氧化碳浓度的变化规律及增施技术

1. 二氧化碳浓度的变化规律　二氧化碳是光合作用的重要物质之一。正常情况下空气中的二氧化碳浓度变化很小，基本上稳定在 $300\sim350$ mg/L。但是，因为设施封闭，设施内二氧化碳浓度存在着明显的变化。

日出时，设施内的二氧化碳浓度出现一天中的最高值，高达 600 mg/L 左右；日出半小时后，由于作物开始光合作用会大量吸收二氧化碳，设施内二氧化碳浓度急剧下降；如果不放风，中午

12:00 左右，二氧化碳浓度下降到一天中的最低值，通常下降到低于 100 mg/L，这个浓度可维持到日落；日落后，作物的光合作用停止，但是植物、土壤及微生物等呼吸作用还继续进行，所以二氧化碳浓度不断上升，直到次日日出时又达到最高值。由于设施内的二氧化碳浓度存在着上述的变化规律，因此，冬季设施栽培中，作物在中午前后常处于"二氧化碳饥饿"状态，直接影响作物的生长。一般二氧化碳浓度为 600～1 500 mg/L 时，蔬菜作物光合作用强度能达到最大；而当二氧化碳浓度大于 3 000 mg/L 时，作物的增产率反而会下降。

2. 调节二氧化碳浓度的方法

（1）通风换气法。通过通风换气使室内二氧化碳浓度与外界保持一致，但这种方法会受气温的制约。例如，外界气温低于 10 ℃时就不能进行通风换气。通风换气最多能使二氧化碳浓度达到约 300 mg/L。

（2）人工施用二氧化碳。人工增加二氧化碳浓度可采用碳酸氢铵分解、干冰挥发、秸秆反应堆等方法，但使用此法要综合考虑成本与效益关系。

3. 增加二氧化碳浓度要点

（1）适用时期。一般在冬春茬增加二氧化碳浓度，其他茬口时只要保持长时间通风，无须增加二氧化碳浓度。幼苗期主要是在幼苗出土后至 20～30 d 施用二氧化碳；生产田一般从定植一个月后开始施用二氧化碳，通常需要施用 1～2 个月。具体施用时间主要从每天日出或日出后半小时开始，持续施用 30 min 或 3～4 h。一般达到要求浓度后就停止施用，但如果需要放风，则在放风前半小时就要停止施用。

（2）气象条件。晴天施用浓度为 1 000～1 500 mg/L，阴天施用浓度为 500～1 000 mg/L。施用二氧化碳后白天需适当增温 1～2 ℃，夜间需适当降温 1～2 ℃，以此来调节植物长势。

（3）配合水肥管理。适当提高土壤湿度，以利于提高光合作用强度和加快作物生长发育。

（4）防止过度施用。防止过度施用二氧化碳后出现早衰或因为二氧化碳施用浓度过高造成作物徒长等现象。在停止施用时，应先降低二氧化碳浓度，再逐渐停止施用，避免突然停止施用。

（二）有害气体防治对策

设施内容易产生危害的气体主要有以下几种。

1. 氨气（NH_3）**和亚硝酸气**（NO_2） 这两种气体主要是在肥料分解过程中产生，然后逸出土壤并散布到室内空气中，通过叶片上的气孔侵入细胞对作物造成危害。氨气和亚硝酸气会使叶绿素分解，使蔬菜叶片受到伤害。

氨气是日光温室中最容易发生危害的有毒气体。它无色但有强烈的刺激性气味。氨气会使蔬菜呈水浸状，后使叶片逐步变为黄色或淡褐色，严重的可导致蔬菜全株死亡。易受氨气毒害的蔬菜有黄瓜、番茄、辣椒等。氨气受害起始浓度为 5 mg/L。向碱性土壤中施硫酸铵或向铵态氮含量高的土壤中单次过量施用尿素或铵态氮化肥约 10 d 之后，就会有氨气产生。施用未腐熟的鸡粪、饼肥等，也会产生氨气。

亚硝酸气的危害症状是叶的表面及叶脉间出现不规则的水渍状伤害，细胞破裂并逐步扩大到整个叶片，产生不规则的坏死，严重时叶肉漂白致死，叶脉也变成白色。亚硝酸气主要危害靠近地面的叶片，对新叶危害较少。黄瓜、茄子等蔬菜容易受害，受害起始浓度为 2 mg/L。

正常情况下，施入土壤中的有机肥，其中的有机态氮都要分解成铵态氮，然后经亚硝酸细菌的作用，转化成亚硝酸；亚硝酸又在硝酸细菌的作用下，形成硝态氮，然后才能被作物根系吸收。铵态氮肥也需要经上述过程转化成硝态氮，才能被蔬菜作物吸收利用。但如果土壤呈强酸性或施肥量过大，土壤微生物活动受阻，上述过程就不能正常进行，大量的中间产物如氨气、亚硝酸气就会产生并扩散。铵态氮化肥也要经上述反应才能被作物吸收利用。土壤盐分浓度过高（＞5 000 mg/L）时，土壤硝化作用受到抑制，氨逐渐增多，易形成氨气溢出。

亚硝酸气与氨气中毒的共同特点是：受害后 2～3 d 受害部分逐渐开始变干并向叶面方向凸起，而且与健康部分界限分明。二者症状不易区别，通常氨气中毒部分颜色偏深，呈黑褐色，而亚硝酸气中毒部分呈黄白色。发生上述危害时，应测定室内结露水滴的 pH，pH 大于 8.5 时为氨气中毒，pH 小于 8.2 时为亚硝酸气中毒。

由于低温期土壤微生物活动差，有机氮不会产生大量的氨，因此一般在冬季低温期间不会发生氨气或亚硝酸气危害。这两种气体危害多发生在春季土温开始回升的时期。此时土壤微生物尚未充分恢复生机，氮肥的分解常常不能顺利进行。温度一旦急速升高，微生物恢复剧烈活动会使过多的氨气及亚硝酸气产生。

预防方法：①不施用未腐熟的有机肥，应严格禁止在土壤表面追施生鸡粪；②不能一次追施过多的尿素或铵态氮肥，且施入后应将其埋入土中；③注意施肥要与灌水相结合；④一旦发现上述气体危害，应及时通风换气，并大量灌水；⑤发现土壤酸度过大时，可适当施用生石灰和硝化抑制剂。

2. 乙烯（C_2H_4）　乙烯是由乙烯利及乙烯制品产生的。例如有毒的塑料制品，由于产品质量普遍不高，在使用过程中经阳光暴晒即可挥发出乙烯气体。另外，乙烯利使用浓度过大时也会产生乙烯气体。预防方法是使用高品质塑料制品，尽量不使用浓度过高的乙烯利，并适当通风。

黄瓜、番茄对乙烯比较敏感，当乙烯浓度达到 0.05 mg/L 时，6 h 后就会受害；达到 0.1 mg/L 时，2 d 后番茄叶片下垂弯曲并变黄褐色；如果达到 1 mg/L 时，大部分蔬菜叶缘或叶脉间发黄，而后逐渐变白直至枯死。

第四章 茄果类蔬菜设施栽培水肥一体化技术规范

第一节 番　茄

一、生长发育特性

番茄，茄科茄属，一年生草本植物，根系发达，吸收能力和再生能力强，对土壤的要求不太严格，适宜在土层深厚、排水良好、富含有机质的肥沃土壤进行栽培。番茄是喜温、喜光、耐肥且半耐旱的作物。番茄不同生育时期对温度的要求不同，生长发育的最适宜温度是 20~28 ℃，低于 15 ℃、高于 35 ℃都会影响开花或授粉、坐果。番茄的生育周期大致分为苗期、开花坐果期和结果期。

番茄是陆续开花陆续结果的作物，当下层花序开花结果、果实膨大生长时，上面的花序也有不同程度的分化和发育（彩图 4 - 1）。因此各层花序之间的养分争夺较明显。特别是开花后 20 d，果实迅速膨大，吸收较多的养分，若此时营养不良则往往使基轴顶端变细，上位花序发育不良，花器变小，坐果不良，产量降低。尤其是冬春季节地温低，根系吸收能力减弱，这一现象表现得更为突出。因此，供给充分的营养并加强管理对调节植物生长与结果的关系是非常重要的。

二、养分及水分需求特性

（一）养分吸收

番茄是重要的果类蔬菜，具有需肥量大、耐肥性强、对肥和水的依赖程度高的特点。番茄采收期较长，需要边采收边供给养分。同其他果类蔬菜一样，番茄对钾的需求量最大，氮次之，磷最少。番茄不同于其他果类蔬菜的特点是它对钙的吸收量也较高。由吸收或转运障碍引起的果实内钙不足、氮钾比值过高是发生脐腐病的主要原因。

番茄的根系发达，对氮、磷、钾、钙、镁等营养元素的吸收贯穿于整个生育期。在开花坐果期吸收的养分占比最高，养分吸收占整个生育期吸收总量的 40％以上；其次是第一穗果膨大期，养分吸收量占到整个生育期吸收总量的 30％左右。除磷外，开花坐果期、第一穗果膨大期是养分吸收的关键时期。从不同养分吸收比来看，各时期钾的吸收量最高，是氮吸收量的 2 倍，磷的吸收量最低。在开花坐果期番茄吸收的养分主要分配到茎、叶中，果实中分配的养分较低，为 14.9％～20.4％；到第一穗果膨大期果实中分配的养分快速增加，有 36.9％～45.0％的养分分配到果实中；在盛果期，茎、叶中累积的养分还会向果实中转移；在末果期，吸收的养分主要集中在茎、叶中，果实中分配的较少。同一生育期内不同养分在不同器官间的分配也存在差异。在开花坐果期，氮主要分配到叶中，磷、钾集中在茎、叶中；在第一穗果膨大期，果实中分配的养分增加，氮主要在果实和叶中，磷、钾主要分配到果实和茎中，在叶中分配得较少；在盛果期，氮、磷、钾养分几乎全部分配到果实中；在末果期，叶中分配的氮达到 62.8％，分配的磷占到了 37.9％，而钾在茎中分配的最高，占到了 56.3％。相关研究表明，每生产 1 t 番茄需要 N 2.7 kg、P_2O_5 1.0 kg、K_2O 3.95 kg。

（二）水分吸收

番茄生长发育需要较高的土壤湿度和较低的空气相对湿度。虽然番茄的需水量大，但其根系发达，吸收水分的能力强，且其地上部茎叶又密生茸毛且叶片呈深裂花叶，能减少水分蒸腾量，所以番茄属半耐旱但不耐涝的作物。番茄生长发育要求空气相对湿度仅为 40％～50％，土壤湿度为 60％～80％。植株生长与果实发育的不同阶段对水分的需求量也不一样。发芽期为保证种子发芽整齐、出苗一致，必须使种子充分吸水膨胀，因此，要求播种床或育苗盘要浇足底水，使其含水量达到饱和；幼苗期营养体较小，总需水量较少，由于根系小，吸收力差，所以要求土壤水分保持在较高水平；果实膨大期植株正处于枝叶生长旺盛和果实膨大时期，总需水量比苗期显著增多，土壤湿度以 $85\%\sim90\%$ 为宜，空气相对湿度以 $45\%\sim65\%$ 为宜；盛果期果实发育快，这时气温又较高，植株蒸腾量大，水分供应不足或不及时，都会影响果实的正常发育。因此，此阶段的水分管理要保持土壤湿润，避免忽干忽湿。

三、水肥一体化灌溉施肥

（一）灌溉施肥原则

（1）合理施用有机肥，调减氮磷肥数量，增施钾肥，酸性土壤需补充钙、镁、硼等中微量元素。推荐施用生物有机肥和促根类功能性水溶肥。

（2）根据作物产量、茬口及土壤肥力条件合理分配化肥，有机肥作基肥，氮、磷、钾肥作追肥。生长前期不宜频繁灌溉追肥，重视花后和中后期追肥，中后期追肥以高钾水溶肥为主。

（3）与高产栽培技术结合，采用少量多次的原则，合理灌溉施肥。

（4）对于土壤退化的老棚须进行秸秆还田或施用高 C/N 的有机肥，少施禽粪肥，增加轮作次数，达到除盐和减轻连作障碍的目的。

（二）灌溉施肥建议

（1）苗肥增施腐熟有机肥，补施磷肥，每 $10\ m^2$ 苗床施经过腐熟的禽粪 $60\sim100\ kg$、钙镁磷肥 $0.5\sim1\ kg$、硫酸钾 $0.5\ kg$，根据苗情喷施 $0.05\%\sim0.1\%$ 尿素溶液 $1\sim2$ 次。

（2）每亩生产田基肥施用商品有机肥 $1\sim2\ t$。

（3）每亩追施化肥用量：亩产量水平 $4\sim6\ t$，追施氮肥（N）$15\sim20\ kg$、磷肥（P_2O_5）$5\sim8\ kg$、钾肥（K_2O）$20\sim25\ kg$；亩产量水平 $6\sim8\ kg$，追施氮肥（N）$20\sim30\ kg$、磷肥（P_2O_5）$7\sim10\ kg$、钾肥（K_2O）$30\sim35\ kg$；亩产量水平 $8\sim10\ t$，追施氮肥

（N）30～38 kg、磷肥（P_2O_5）9～12 kg、钾肥（K_2O）35～40 kg。

（4）灌溉追肥频率：苗期至初花期以控为主，根据设施温度和土壤湿度情况，一般春茬和秋冬茬每5～7 d灌溉施肥1次，越冬茬每7～10 d灌溉施肥1次，结果初期每5～7 d灌溉施肥1次，每亩每次追施数量不超过4 kg，每次灌水数量不超10 m³；进入盛果期后，根系吸肥能力下降，可叶面喷施0.05%～0.1%尿素、硝酸钙、硼砂等水溶液，有利于延缓衰老、延长采收期以及改善果实品质。

（5）菜田土壤pH小于6时易出现钙、镁、硼缺乏，每亩可基施钙肥50～75 kg、镁肥4～6 kg，根外补施2～3次0.1%浓度的硼肥。

第二节　茄　子

一、生长发育特性

茄子，茄科茄属，一年生草本植物。茄子喜中性至微酸性土壤，以土壤深厚、富含有机质的冲积土壤为宜。茄子根系发达，易木质化，再生能力强；茎直立粗壮，有多级分枝，主茎长到一定节数后则顶芽变花芽，茎和枝条易木质化；叶片呈卵圆形或椭圆形，单叶互生，叶色深绿或带紫；花为白色或紫色，筒状两性花，花萼宿存；果实为浆果，成熟后为黑紫色或乳黄色；胎座是海绵状薄壁组织，如未授粉则易出现僵果；种子扁平，肾脏形，紫褐色，光滑坚硬，千粒重4～5 g（彩图4-2）。

茄子喜高温，种子发芽适温为25～30 ℃。幼苗期茄子的发育适温白天为25～30 ℃、夜间15～20 ℃。茄子在15 ℃以下生长缓慢，并产生落花；低于10 ℃时生长发育受影响。茄子对光照时间强度要求较高。在日照长、强度高的条件下，茄子生育旺盛，花芽质量好，果实产量高、着色佳。茄子的生育周期大致分为苗期、开花坐果期及果期。

二、养分及水分需求特性

(一)养分吸收

茄子生长期养分吸收量大,喜肥但耐肥能力差,茎叶生长以施用氮肥为主,结果期应将氮、磷、钾肥配合施用。茄子不同生育期对养分吸收量不同,对氮、磷、钾的吸收量随着生育期的延长而增加。幼苗期对养分的吸收量不大,但对养分的丰缺非常敏感,养分供应状况影响幼苗的生长和花芽分化。从幼苗期到开花结果期对养分的吸收量逐渐增加,开始采收果实后茄子进入需养量最大的时期,此时对氮、钾的吸收量急剧增加,对磷、钙、镁的吸收量也有所增加,但不如钾和氮明显。茄子对各种养分的吸收特性也不同,氮在茄子各生育期都是重要的,在生长发育的任何时期缺氮,都会对茄子的开花结果产生不良影响,从定植到采收结束,茄子对氮的吸收量呈直线增加趋势,在生育盛期茄子对氮的吸收量最高,充足的氮供应可以保证足够的叶面积,促进果实的发育。磷影响茄子的花芽分化,所以前期要注意满足磷的供应,随着果实膨大和进入生育盛期,茄子对磷的吸收量增加,但茄子对磷的吸收量总体较少。生育中期茄子对钾的吸收量与氮相当,之后显著增高。在盛果期,茄子对氮和钾的吸收增多,如果肥料不足,植株就会生长发育不良,将氮、磷、钾配合使用,可以起到相互促进的作用。一般每生产 1 t 茄子需要 N 3.2 kg、P_2O_5 0.94 kg、K_2O 4.5 kg。

(二)水分吸收

茄子耐旱性弱,其生长发育需要充足的土壤水分。茄子不同生长发育阶段对水分的要求不同。幼苗初期在光照和温度等条件适宜的情况下,苗床水分充足,能促进幼苗健壮生长和花芽分化,并能提高花的质量,苗期应选择保水能力强的壤土作床土,同时浇足底水,以减少播种后的浇水次数,稳定苗床温度;开花坐果期,由于茄子处于从营养生长向生殖生长的过渡阶段,为了维持营养生长和生殖生长平衡,避免营养生长过盛,在水分管理上应以控为主,不旱不浇水；结果期，门茄（茄株第一次分枝时结在分枝与主茎间的茄子）生长发育前期需水量较少，迅速生长后需水量逐渐增多，在收获前后需水量最大。茄子坐果率和产量与当时的降水量及空气湿度呈负相关。生产中空气相对湿度以 70％～80％ 为宜，长期超过80％容易引起病害发生。土壤相对含水量以 60％～80％ 为宜，一般不低于 55％，否则会出现僵苗、僵果。生产中要尽量满足茄子对水分的需求，否则会影响其生长发育，使其结果少、果实少、果面粗糙、果实品质差。

三、水肥一体化灌溉施肥

（一）灌溉施肥原则

（1）因地制宜增施优质有机肥，夏季闷棚之后推荐施用生物有机肥。

（2）开花期控制施肥，从始花到分枝坐果时，除植株严重缺肥可略施速效肥外，其余时期都应控制施肥，以防止落花、落叶、落果。

（3）幼果期和采收期要及时施用速效肥，以促使幼果迅速膨大。

（4）茄子移栽后到开花期前，促控结合，以薄肥勤浇。

（5）忌用高浓度肥料，忌湿土追肥，忌在中午高温时追肥，忌过于集中追肥。

（6）提倡应用水肥一体化技术，做到控水控肥、提质增产、提高水肥利用效率。

（二）灌溉施肥建议

（1）每亩施商品有机肥 1～2 t，作基肥一次性施用。

（2）每亩追施化肥用量：亩产量水平 2 t 以下，追施氮肥（N）6～8 kg、磷肥（P_2O_5）2～3 kg、钾肥（K_2O）9～12 kg；亩产量水平 2～4 t，追施氮肥（N）8～16 kg、磷肥（P_2O_5）3～4 kg、钾肥（K_2O）10～18 kg；亩产量水平 4 t 以上，追施氮肥（N）16～20 kg、磷肥（P_2O_5）4～5 kg、钾肥（K_2O）18～24 kg。

（3）灌溉追肥频率：苗期和花期可根据具体设施温度和土壤湿度情况判断，一般春茬和秋冬茬每 5～7 d 灌溉施肥 1 次，越冬长茬每 7～10 d 灌溉施肥 1 次；结果初期，每 5～7 d 灌溉施肥 1 次，每亩每次追施量不超过 4 kg，每次灌水量不超 10 m³；进入盛果期后，根系吸肥能力下降，可叶面喷施 0.05%～0.1%尿素、硝酸钙、硼砂等水溶液，有利于延缓衰老、延长采收期以及改善果实品质。

（4）在茄子生长中期应注意分别喷施适宜的叶面硼肥和叶面钙肥，以防治茄子脐腐病。

第三节　辣　　椒

一、生长发育特性

辣椒原产于美洲热带地区，茄科辣椒属，一年或多年生草本植物，因其具有独特的辣味和丰富的营养价值深受消费者欢迎。辣椒也是我国设施栽培的主要蔬菜之一。作为一年生草本植物，辣椒的根系不发达，根量较少，再生能力差，因而对土壤条件和栽培技术要求较高。辣椒适宜在有机质含量较高、土层深厚且保水较好的沙质壤土中栽培。辣椒喜温、喜水、喜肥，在整个生育期内的不同阶段要做好水肥管理。生产中设施棚内温度宜控制在 20～28 ℃，白天棚温达到 30 ℃时要及时通风。辣椒的生育周期可大致分为苗期、开花坐果期和结果期（彩图 4-3）。

二、养分及水分需求特性

（一）养分吸收

辣椒因生长期长且多次开花结果，需肥量较大，每生产 1 t 鲜辣椒约需 N 3.5～5.5 kg、P$_2$O$_5$ 0.7～1.4 kg、K$_2$O 5.5～7.2 kg，且辣椒于不同时期吸收的氮、磷、钾的量差别较大。氮的吸收量随生长发育和果实产量的增加而增加；磷的吸收量虽然随生育期进程而增加，但吸收量变化的幅度较小；钾的吸收量在生育初期较少，但从结果初期开始，吸收量明显增加，一直持续到生长发育结束。辣椒吸收的养分在各器官中的分配也随生育期的不同而变化。各器官吸收氮的量是：叶＞果＞茎＞根；吸收磷、钾的量是：果＞叶＞茎＞根。辣椒的辛辣味受氮、磷、钾肥含量比例的影响，氮肥多而磷、钾肥少时，辛辣味降低；氮肥少而磷、钾肥多时，辛辣味浓。

（二）水分吸收

辣椒是喜水蔬菜，辣椒的种植过程中会消耗大量水分，其植株中 60%～95% 的成分是水，因此，科学合理的灌溉制度是保证辣椒产量与品质的关键因素之一。相对露地辣椒来说，温室内栽种的辣椒需水量较少，这是因为温室内影响作物水分蒸发的主要因素是太阳辐射和空气饱和水汽压，并且灌溉方式也会使辣椒需水量产生变化。采用膜下滴灌时辣椒的耗水量最低，为 155.6 mm。辣椒在不同生育期的需水量（耗水量）也不相同，全生育期内辣椒在盛果期的需水量最大，其次是苗期和开花坐果期，结果后期最小，各阶段的需水量占总需水量比例分别为 39.96%、22.91%、19.34%、17.79%。

三、水肥一体化灌溉施肥

（一）灌溉施肥原则

（1）因地制宜增施优质有机肥，夏季闷棚之后推荐施用生物有机肥。

（2）开花期控制施肥，从始花到坐果时，除植株严重缺肥时可略施速效肥外，其他时期都应控制施肥，以防止落花、落叶、落果。

（3）幼果期和采收期要及时施用速效肥，以促进幼果迅速膨大。

（4）辣椒移栽后到开花期前，促控结合，以薄肥勤浇。

（5）忌用高浓度肥料，忌湿土追肥，忌在中午高温时追肥，忌过于集中追肥。

（6）提倡应用水肥一体化技术，做到控水控肥、提质增产，提高水肥利用效率。

（二）灌溉施肥建议

（1）每亩生产田1次施用商品有机肥1~2 t作基肥。

（2）每亩追施化肥用量：亩产量水平2 t以下，追施氮肥（N）6~8 kg、磷肥（P_2O_5）2~3 kg、钾肥（K_2O）9~12 kg；亩产量水平2~4 t，追施氮肥（N）8~16 kg、磷肥（P_2O_5）3~4 kg、钾肥（K_2O）10~18 kg；亩产量水平4 t以上，追施氮肥（N）16~20 kg、磷肥（P_2O_5）4~5 kg、钾肥（K_2O）18~24 kg。

（3）灌溉追肥频率：苗期和花期，根据设施温度和土壤湿度情况，一般春茬和秋冬茬每5~7 d灌溉施肥1次，越冬长茬每7~10 d灌溉施肥1次；结果初期，每5~7 d灌溉施肥1次，每亩每次追施数量不超过4 kg，每次灌水数量不超10 m^3；进入盛果期后，根系吸肥能力下降，可叶面喷施0.05%~0.1%尿素、硝酸钙、硼砂等水溶液，有利于延缓衰老、延长采收期以及改善果实品质。

（4）在辣椒生长中期，应注意分别喷施适宜的叶面硼肥和叶面钙肥，以防治辣椒脐腐病。

第五章　瓜类蔬菜设施栽培水肥一体化技术规范

第一节　黄　瓜

一、生长发育特性

黄瓜，葫芦科黄瓜属，一年生草本植物，是设施栽培的主要蔬菜之一。黄瓜为一年生攀缘性草本植物，属浅根性蔬菜，根系主要分布在深 25 cm、宽幅 60 cm 的土壤范围内，根系木栓化较早，断根后再生能力力差（彩图 5-1）。

黄瓜喜温暖，不耐寒冷。生长发育适温为 10～32 ℃。一般以白天 25～32 ℃，夜间 15～18 ℃为宜；最适宜地温为 20～25 ℃，最低为 15 ℃左右。最适宜的昼夜温差为 10～15 ℃。高温 35 ℃时黄瓜光合作用不良，45 ℃时出现高温障碍。如果低温炼苗，黄瓜可承受 3 ℃的低温，低温-2～0 ℃时黄瓜会被冻死。黄瓜生长发育需水量大，生长发育适宜的土壤湿度为 60%～90%。黄瓜幼苗期灌溉水分不宜过多，土壤湿度以 60%～70%为宜。结果期必须供给充足的水分，土壤湿度以 80%～90%为宜。适宜黄瓜生长发育的空气相对湿度为 60%～90%。空气相对湿度过大时黄瓜很容易发病造成减产。黄瓜喜湿而不耐涝、喜肥而不耐肥，宜选择肥沃的、富含有机质的、pH 为 5.5～7.2 的土壤，土壤 pH 为 6.5 最佳。黄瓜的生育周期大致分为苗期、抽蔓期和开花结瓜期。

二、养分及水分需求特性

（一）养分吸收

黄瓜的营养生长与生殖生长并进，生长周期长，需肥量大，但黄瓜喜肥却不耐肥，因此需要根据黄瓜的需肥特点合理施肥。黄瓜在整个生育期中吸收钙、钾最多，氮次之，磷、镁再次之。黄瓜在不同生育期对养分的吸收量不同。苗期生长缓慢，对氮、磷、钾、钙、镁等养分的吸收量很小，分别占吸收总量的 6.6%、3.3%、5.9%、3.7%、4.9%。在整个生育过程中对氮的吸收有两次高峰，分别出现在初花期至坐瓜期、盛瓜期至拉秧期，吸收率分别为 28.7%和42.7%；对磷、钾、镁的吸收高峰都出现在瓜期，分别为 41.3%、42.2%和38%；对钙的吸收高峰出现在盛瓜期至拉秧期，为46.8%。结瓜期是黄瓜对氮、磷、钾需求的关键时期。每生产 1 t 黄瓜需要 N 2.25 kg、P_2O_5 0.59 kg、K_2O 2.61 kg。

（二）水分吸收

黄瓜是需水量较大的作物，水是黄瓜生长过程中消耗最多的物质。黄瓜果实的 90%以上都是水，加上设施栽培黄瓜的特殊环境条件，灌溉控制尤为重要。黄瓜在不同栽培模式下需水量为 2 700～3 450 m^3/hm^2。然而黄瓜是一种对水分非常敏感的蔬菜作物。黄瓜的根系较浅、好气性强且以水平分布为主，对土壤深层水分的吸收能力差，且地上部叶片蒸腾量大，黄瓜喜湿而不耐涝，因而对水分管理的要求较高。

三、水肥一体化灌溉施肥

（一）灌溉施肥原则

（1）提倡施用优质有机堆肥，老菜棚应注意多施含秸秆多的堆肥，少施禽粪肥，实行有机无机肥配合施用和秸秆还田。

（2）依据土壤肥力条件和有机肥的施用量，综合考虑环境养分供应，适当调整氮、磷、钾化肥用量。

（3）采用合理的灌溉技术，遵循少量多次的灌溉施肥原则。

（4）定植后苗期不宜频繁追肥，氮肥和钾肥分期施用、少量多次，避免追施磷含量高的水溶肥，前期追施高氮水溶肥，中后期重视钾肥的追施。

（5）蔬菜地酸化严重时，尤其在土壤 pH 为 5 以下时，应适量施用石灰等碱性土壤调理剂。

（二）灌溉施肥建议

（1）育苗期增施腐熟有机肥，补施磷肥，每 10 m² 苗床施用腐熟有机肥 60～100 kg，钙、镁、磷肥 0.5～1 kg，硫酸钾 0.5 kg，根据苗情喷施 0.05%～0.1% 尿素溶液 1～2 次。

（2）每亩生产田基施商品有机肥 1～2 t。

（3）每亩追施化肥用量：亩产量水平 3～6 t，追施氮肥（N）12～20 kg、磷肥（P_2O_5）5～9 kg、钾肥（K_2O）15～24 kg；亩产量水平 6～9 t，追施氮肥（N）20～28 kg、磷肥（P_2O_5）9～15 kg、钾肥（K_2O）24～36 kg；亩产量水平 9～12 t，追施氮肥（N）28～36 kg、磷肥（P_2O_5）15～18 kg、钾肥（K_2O）36～48 kg；亩产量水平 12～15 t，追施氮肥（N）36～45 kg、磷肥（P_2O_5）18～24 kg、钾肥（K_2O）48～60 kg。

（4）灌溉施肥频率：初花期以控为主；苗期和花期，春茬和秋冬茬每 5～7 d 灌溉施肥 1 次，越冬长茬每 7～10 d 灌溉施肥 1 次；瓜期每 3～5 d 灌溉施肥 1 次，每亩每次追施数量不超过 4 kg，每次灌水数量不超过 10 m³。

第二节　小型西瓜

一、生长发育特性

西瓜，葫芦科西瓜属，一年生蔓生草本植物，茎、枝具明显的棱，卷须较粗壮，具短柔毛，叶柄粗，密被柔毛；叶片纸质，轮廓三角状卵形，带白绿色，两面具短硬毛，叶片基部心形。雌雄同株，雌、雄花均单生于叶腋。雄花花梗长 3～4 cm，密被黄褐色长柔毛；花萼筒宽钟形；花冠淡黄色；雄蕊近离生，花丝短，药室折曲。雌花的花萼和花冠与雄花的相同；子房卵形，柱头肾形。果实大型，近于球形或椭圆形，肉质，多汁，果皮光滑，色泽及纹饰各式。种子多数，卵形，黑色或红色，两面平滑，基部钝圆，通常边缘稍拱起，花果期夏季（彩图 5-2）。

西瓜喜温暖、干燥的气候，不耐寒，生长发育的最适温度为24～30℃，其中根系生长发育的最适温度为30～32℃，根毛发生的最低温度为14℃。西瓜在生长发育过程中需要较大的昼夜温差。西瓜耐旱、不耐湿，阴雨天多时，湿度过大，易感病。西瓜喜光照、生育期长，因此需要大量养分。随着植株的生长，西瓜需肥量逐渐增加，到果实旺盛生长时需肥量达到最大值。西瓜适应性强，以土质疏松、土层深厚、排水良好的沙质土栽培最佳。喜弱酸性，pH 5～7。西瓜的生育周期大致分为苗期、伸蔓期、开花期、坐瓜期、膨瓜期和成熟期。

二、养分及水分需求特性

（一）养分吸收

西瓜属喜肥性作物，需肥量较大，但根系耐肥力弱。西瓜在苗期对氮、磷、钾的吸收量较少，占全生育期吸收量的 0.18%～0.25%；伸蔓期对氮、磷、钾的吸收占总量的 14% 左右，以施用氮肥为主；开花期需磷较多，磷有利于花器的发育；坐瓜期和膨瓜期是西瓜养分需求的高峰期，其对氮、磷、钾的吸收量占总吸收量的 85% 左右。每生产 1 t 西瓜需要 N 2.47 kg、P_2O_5 0.89 kg、K_2O 3.02 kg。

（二）水分吸收

西瓜根系发达，主根入土深 1.5～2 m；西瓜叶片有较多的裂刻并被茸毛，可以减少叶面水分的蒸腾，因而西瓜具有较强的耐旱能力。据测定，每株西瓜全生育期要消耗水分 1 000 L 左右。西瓜在不同生育期对水分的要求不同。幼苗期西瓜的生长量小，对水分的需求量较少，土壤相对含水量为 60% 左右即可；西瓜在伸蔓期至开花期需要充分的水分，要求土壤相对含水量为 60%～70%；西瓜在果实膨大期需水量最大，要求土壤相对含水量为 70%～80%；进入成熟期应控制或停止浇水，此时水分多则果实含糖量低，西瓜品质下降。西瓜生长要求空气干燥，适宜的空气相对湿度为 50%～60%。空气湿度过大则会导致茎蔓瘦弱、坐瓜率低、果实品质差、病害发生率高，空气湿度过低则会影响营养生长和授粉受精。

三、水肥一体化灌溉施肥

（一）灌溉施肥原则

（1）提倡施用优质有机堆肥，老菜棚应注意多施含秸秆多的堆肥，少施禽粪肥，实行有机无机肥配合施用和秸秆还田。

（2）依据土壤肥力条件和有机肥的施用量，综合考虑环境养分供应，适当调整氮、磷、钾肥的用量。

（3）采用合理的灌溉技术，遵循少量多次的灌溉施肥原则。

（4）水肥管理遵循"前控、中促、后保"原则。在底肥精施、定植水充足的基础上，定植后到授粉期，土壤不干不浇水，保持瓜秧根际潮湿即可，以达控水壮秧的目的；授粉期和坐果期保持水分均衡供应，当西瓜果实重量达 0.5 kg 以上时浇膨瓜水。提苗肥、伸蔓肥要轻施，要根据植株长势进行，若植株长势强，可不施；若植株长势较弱，可少施。

（二）灌溉施肥建议

（1）育苗期增施腐熟有机肥，补施磷肥，每 10 m² 苗床施用腐熟有机肥 60～100 kg，钙、镁、磷肥 0.5～1 kg，硫酸钾 0.5 kg，根据苗情喷施 0.05％～0.1％尿素溶液 1～2 次。

（2）每亩生产田基施商品有机肥 1～2 t。

（3）每亩追施化肥：亩产量水平 1.5～2.5 t，追施氮肥（N）9～11 kg、磷肥（P_2O_5）2～3 kg、钾肥（K_2O）5～9 kg；亩产量水平 2.5～3.5 t，追施氮肥（N）11～13 kg、磷肥（P_2O_5）3～4 kg、钾肥（K_2O）9～11 kg；亩产量水平 3.5～4.5 t，追施氮肥（N）14～16 kg、磷肥（P_2O_5）4～5 kg、钾肥（K_2O）13～16 kg。

（4）灌溉施肥频率：初花期以控为主，定植前每亩灌溉 10～15 m³；苗期和花期，春茬每 10～15 d 灌溉施肥 1 次，秋茬每 7～10 d 灌溉施肥 1 次，每次灌溉 6～7 m³；瓜期，每 7～10 d 灌溉施肥 1 次，每次 10～15 m³，每亩每次追施化肥数量不超过 4 kg。每茬瓜在采收前 1 周要停止水肥供应。

第三节　西　葫　芦

一、生长发育特性

西葫芦，又名美洲南瓜，葫芦科南瓜属，一年生蔓生草本植物，属于南瓜的一个变种，主要食用嫩瓜（彩图 5-3）。西葫芦根系发达，主要根群深度为 10～30 cm，侧根主要以水平生长为主，分布范围为 120～210 cm，吸水吸肥能力较强，但根系再生能力弱。西葫芦为喜温性蔬菜，种子发芽的最适温度为 25～30 ℃，生长发育适温为 18～25 ℃，开花结瓜期适温为 22～25 ℃。西葫芦因其根系发达，对土壤要求不严，在黏土、壤土、沙土中均可栽培，适宜选用土层深厚、疏松肥沃的壤土。西葫芦不耐盐碱，适合栽培于中性或微酸性的土壤，适宜的土壤 pH 为 5.5～6.8。

二、养分及水分需求特性

（一）养分吸收

西葫芦根系发达，吸肥和抗瘠薄能力强，耐肥。西葫芦喜硝态氮和钾肥，前期对氮、磷、钾、钙的吸收量少，植株生长缓慢。随着生物量的剧增，其对氮、磷、钾的吸收量也猛增，此时应增施氮、磷、钾肥，以利于促进果实的生长，提高植株连续结瓜能力。每生产 1 t 西葫芦需要 N 4.7 kg、P_2O_5 2.2 kg、K_2O 5.7 kg。

（二）水分吸收

西葫芦根系较发达，有较强的吸水能力和抗旱能力，但土壤水分过多会影响根系正常生长，导致西葫芦地上部分生理失调。西葫芦生长发育前期要避免灌水过多，蹲苗发根，促使植株生长健壮。生育后期，营养生长和生殖生长并进，需水量较大，此时应保持土壤湿润，但空气湿度不宜过大。雌花开放时，空气湿度过大会影响正常的授粉受精，从而导致化瓜或僵瓜。冬季生产时应注意控制水分，促根控秧，适当抑制茎叶生长，促进根系向深层发展。西葫芦地上部分生长要求空气较为干燥，空气相对湿度以 50%～60% 为宜。

三、水肥一体化灌溉施肥

（一）灌溉施肥原则

（1）提倡施用优质有机堆肥，老菜棚应注意多施含秸秆多的堆肥，少施禽粪肥，实行有机无机肥配合施用和秸秆还田。

（2）依据土壤肥力条件和有机肥的施用量，综合考虑环境养分供应，适当调整氮、磷、钾肥的用量。

（3）采用合理的灌溉技术，遵循少量多次的灌溉施肥原则。

（4）定植后苗期不宜频繁追肥，氮肥和钾肥分期施用，少量多次，避免追施磷含量高的复合肥，前期追施高氮复合肥，中后期重视钾肥的追施。

（5）蔬菜地酸化严重时，尤其当土壤 pH 在 5 以下时，应适量施用石灰等碱性土壤调理剂。

（二）灌溉施肥建议

（1）育苗期增施腐熟有机肥，补施磷肥，每 10 m² 苗床施用腐熟有机肥 60～100 kg，钙、镁、磷肥 0.5～1 kg，硫酸钾 0.5 kg，根据苗情喷施 0.05%～0.1% 尿素溶液 1～2 次。

（2）每亩生产田基施商品有机肥 1～2 t。

（3）追施化肥：亩产量水平 2～4 t，追施氮肥（N）10～20 kg、磷肥（P_2O_5）3.5～7.0 kg、钾肥（K_2O）9.1～18.2 kg；亩产量水平 4～6 t，追施氮肥（N）20～28 kg、磷肥（P_2O_5）7.0～12 kg、钾肥（K_2O）18.2～27.4 kg；亩产量水平 6～8 t，追施氮肥（N）28～37.6 kg、磷肥（P_2O_5）12～14 kg、钾肥（K_2O）27.4～36.5 kg；亩产量水平 8～10 t，追施氮肥（N）37.6～47 kg、磷肥（P_2O_5）14～17.6 kg、钾肥（K_2O）36.5～45.6 kg。

（4）灌溉施肥频率：初花期以控为主；苗期和花期，春茬和秋冬茬每 5～7 d 灌溉施肥 1 次，越冬长茬每 7～10 d 灌溉施肥 1 次；瓜期，每 3～5 d 灌溉施肥 1 次，每亩每次追施数量不超过 4 kg，每次灌水数量不超过 10 m³。

第六章　叶类蔬菜设施栽培水肥一体化技术规范

第一节　结球生菜

一、生长发育特性

结球生菜，又称西生菜、圆生菜等，菊科莴苣属，一年或二年生草本植物。结球生菜根系发达，浅生，叶片大，叶柄短，有叶耳抱茎而生，叶球形状有圆形、扁圆形、圆筒形等，单球重 400～750 g，叶片质地柔嫩，为可食用部分，茎中空，有乳汁（彩图 6-1）。结球生菜喜冷凉，忌高温，种子在 4 ℃以上即可发芽，发芽适温为 15～20 ℃。幼苗能耐较低温度，在日平均温度 12 ℃时生长健壮，叶球生长最适温度为 13～16 ℃。结球生菜为长日照作物，在生长期间需要充足的阳光，光线不足易导致结球不整齐或结球松散。结球生菜适宜移栽在有机质丰富、保水保肥能力强的黏壤土或壤土中。喜微酸性土壤，以 pH 6.0 左右为宜。生产中多选择耐热、早熟的品种，如皇帝、京优 1 号，如要求叶球较大，可选用阿尔盘中熟品种。结球生菜生长周期包括苗期、莲座期、结球期。

二、养分及水分需求特性

（一）养分吸收

结球生菜生长迅速，喜氮肥，特别是生长前期。生长初期生长量少，吸肥量较小，进入结球期后养分吸收量急剧增加，结球期的氮吸收量可占到全生育期氮吸收量的 80％以上。磷、钾的吸收与氮相似，尤其是对钾的吸收，不仅吸收量大，而且一直持续到收获。每生产 1 t 结球生菜需要 N 1.4 kg、P_2O_5 0.21 kg、K_2O 1.6 kg。

(二) 水分吸收

结球生菜叶片较多，叶面积较大，蒸腾量也大，消耗水分较多，需水量较大。结球生菜在不同生育期对水分有不同的需求，幼苗期应适当控制浇水，土壤保持见干见湿，土壤水分过多易使幼苗徒长，土壤水分缺乏易使幼苗老化；发棵期要适当蹲苗，促使根系生长；结球期要供应充足的水分，缺水易造成结球松散或不结球，同时造成植株体内莴苣素增多，产品苦味增加；结球后期灌水不能太多，防止发生裂球，并防止软腐病和菌核病的发生。

三、水肥一体化灌溉施肥

(一) 灌溉施肥原则

(1) 合理增施有机肥，减少化肥用量，有机肥与化肥配合施用。

(2) 应在莲座期至结球后期适当补充钙、硼等中微量元素，防止干烧心等病害发生。

(3) 与高产高效栽培技术特别是节水灌溉技术相结合，以充分发挥水肥耦合效应，采用少量多次的原则，合理灌溉施肥，提高水肥利用效率。

(二) 灌溉施肥建议

(1) 每亩生产田基施商品有机肥 0.5～1 t。

(2) 每亩追施化肥用量：亩产量水平 2～3 t，追施氮肥 (N) 7～9 kg、磷肥 (P_2O_5) 1～3 kg、钾肥 (K_2O) 8～10 kg；亩产量水平 3～4 t，追施氮肥 (N) 9～11 kg、磷肥 (P_2O_5) 3～5 kg、钾肥 (K_2O) 10～12 kg；亩产量水平大于 4 t，追施氮肥 (N) 11～13 kg、磷肥 (P_2O_5) 5～7 kg、钾肥 (K_2O) 12～14 kg。

(3) 灌溉追肥频率：苗期以控为主；苗期至莲座期，灌溉施肥 1～2 次，每亩每次灌水量 8～10 m^3，每次施肥 2～3 kg；莲座期，灌溉施肥 1～2 次，每亩每次灌溉 10～12 m^3，每次施肥 3～4 kg；结球期，灌溉施肥 2～3 次，每亩每次灌溉 12～15 m^3，每次施肥 4～5 kg；每亩每次追施数量不超过 5 kg。

（4）对往年干烧心发生较严重的地块，在苗期至结球初期施用硝酸铵钙；对于缺硼的地块，每亩可基施硼砂 0.5～1 kg，或叶面喷施 0.2%～0.3% 的硼砂溶液 2～3 次。同时可结合喷药喷施 0.5% 的磷酸二氢钾 2～3 次，以提高结球生菜的净菜率和商品率。

第二节 芹 菜

一、生长发育特性

芹菜，伞形科芹属，二年生草本植物。芹菜的根系为浅根系，一般分布在 7～36 cm 的土层内，但多数根群分布在 7～10 cm 的表土层。芹菜根系分布浅，不耐旱。直播的芹菜主根系较发达，经移植的芹菜由于主根被切断因而侧根发达，因此芹菜适宜育苗移栽或无土栽培。芹菜属于耐寒性蔬菜，要求生长环境较冷凉、湿润，在高温干旱的条件下生长不良。芹菜在不同的生长发育时期对温度条件的要求不同。发芽期最适温度为 15～20 ℃，幼苗生长时期的最适温度为 15～23 ℃。从定植至收获前这个时期是芹菜营养生长的旺盛时期，此时生长的最适宜温度为 15～20 ℃。芹菜属于浅根系蔬菜，其吸水能力弱，耐旱力弱，蒸发量大，对水分要求较严格。芹菜对土壤的要求较严格，需要肥沃、疏松、通气性良好、保水保肥力强的壤土或黏壤土。芹菜耐阴，出苗前需要覆盖遮阳网，营养生长盛期喜中等强度光照，后期需要充足的光照。长日照可以促进芹菜苗期花芽分化，促进抽薹开花；短日照可以延迟成花过程，促进营养生长。适期播种、保持适宜的温度和短日照处理，是防止芹菜抽薹的重要措施。芹菜的生长周期分为苗期、叶丛生长初期、旺盛生长期（叶丛生长盛期）及休眠期（彩图 6-2）。

二、养分及水分需求特性

(一) 养分吸收

芹菜是对土壤肥力水平要求较高的蔬菜之一，具有吸肥能力低和耐肥力强的特点。秋播芹菜营养生长盛期为播种后 68~100 d，对氮、磷、钾、镁、钙的吸收量分别占吸收量的 84% 以上，钙、钾高达 98.1% 和 90.7%，其中，需氮量最高，钙、钾次之，磷、镁最少。芹菜对硼的需求量也很大，在缺硼的土壤上栽培时或由于干旱低温抑制吸收时，叶柄易横裂，即茎折病，此病发生时严重影响芹菜的产量和品质。芹菜在不同生育期对养分的吸收量也不相同。苗期对养分的需求较少，定植缓苗后，叶片分化旺盛，根系发达，对养分的吸收逐渐增加，到营养生长旺盛期达到高峰。不同养分对芹菜的生长影响不同。氮肥主要影响地上部发育，缺氮不仅使芹菜生育受阻，植株矮小，而且使植株易老化空心；磷肥主要影响品质，磷肥过多时叶柄细长、纤维增多；充足的钾肥有利于叶柄的膨大，提高产量和品质。每生产 1 t 芹菜需要 N 2.0 kg、P_2O_5 0.93 kg、K_2O 3.88 kg。

(二) 水分吸收

芹菜为浅根系蔬菜，吸水能力弱，耐涝性较强。芹菜叶面积较小，但由于种植密度较大，叶片蒸腾面积也较大，对水分要求严格，全生育期要求有充足的水分。芹菜在不同生育期的需水量不同。苗期需水较少；立心期出现嫩绿心叶，养分和水分供应由多叶向心叶转移，需水量较大；心叶生长旺盛期，大量心叶不断抽出，耗水量加大。生产中应根据土壤和天气情况适时灌水，保持土壤水分充足，促进叶片同化作用和根系发育，保证叶面积增大及叶数增多，使植株更高大。如果缺水，芹菜叶柄中的厚壁组织会加厚、纤维素也随之增多，甚至发生叶柄空心、老化，产量和品质均会下降。

三、水肥一体化灌溉施肥

(一) 灌溉施肥原则

(1) 合理施用有机肥，调减氮、磷肥数量，增施钾肥，酸性土壤须补充钙、镁、硼等中微量元素；推荐施用生物有机肥和促根类功能性水溶肥。

（2）根据作物产量、茬口及土壤肥力条件，合理分配化肥，有机肥基施，氮、磷、钾肥追施。

（3）依据土壤钾素状况，适当增施并高效施用钾肥；注意硼和锌的配合施用。

（4）与高产栽培技术结合，采用少量多次的原则，合理灌溉施肥。

（5）对土壤退化的老棚需进行秸秆还田或施用高 C/N 的有机肥，少施禽粪肥，增加轮作次数，达到除盐和减轻连作障碍目的。

（二）灌溉施肥建议

（1）每亩生产田基施商品有机肥 0.5～1 t。

（2）每亩追施化肥用量：亩产量水平 3～5 t，追施氮肥（N）11～13 kg、磷肥（P_2O_5）3～4 kg、钾肥（K_2O）14～23 kg；亩产量水平 5～7 t，追施氮肥（N）17～20 kg、磷肥（P_2O_5）4～6 kg、钾肥（K_2O）23～33 kg；亩产量水平大于 7 t，追施氮肥（N）20～23 kg、磷肥（P_2O_5）6～8 kg、钾肥（K_2O）33～40 kg。

（3）灌溉追肥频率：苗期灌溉施肥 2～3 次，每亩每次灌水量 6～10 m³，每次施肥 2～3 kg；5～6 叶期灌溉施肥 1 次，每亩每次灌水量 6～10 m³，每次施肥 2～3 kg；7～9 叶期灌溉施肥 4～5 次，每亩每次灌溉 6～10 m³，每次施肥 3～4 kg；10～12 叶期灌溉施肥 4～5 次，每亩每次灌溉 8～10 m³，每次施肥 4～5 kg；每亩每次追施数量不超过 5 kg。

第三节　结球甘蓝

一、生长发育特性

结球甘蓝，十字花科芸薹属，二年生草本植物，是甘蓝的变种，又称卷心菜、洋白菜、圆白菜、疙瘩白、包菜、包心菜、高丽菜、莲花白等。结球甘蓝是喜肥和耐肥蔬菜，适应性强，喜冷凉，为长日照作物。它的根系浅，茎短缩，叶丛着生短缩茎上。叶片呈椭圆、倒卵圆或近三角形，叶色绿、深绿或紫，叶面有蜡粉。叶柄细长，生长至一定叶丛后，其短缩茎膨大，形成肉质茎，为圆或扁圆形，肉质、皮色呈绿色或绿白色，少数品种呈紫色。结球甘蓝喜疏松的中性和微酸性壤土或沙壤土。甘蓝主根不发达，须根多，容易发生不定根，主要根系分布在深 30 cm、宽 80 cm 的范围内。根的吸水能力很强，但不耐旱。结球甘蓝的生长周期大致分为苗期、莲座期、结球期（彩图 6-3）。

二、养分及水分需求特性

（一）养分吸收

结球甘蓝喜肥耐肥，在不同生育期对养分的吸收量不同，因此，应根据土壤条件和不同生育期的营养特性进行合理施肥。定植到开始结球，其生长量逐渐增大，对氮、磷、钾的吸收量也逐渐增加，此时对氮、磷的吸收量占总吸收量的 $15\%\sim20\%$，而对钾的吸收量较少，为 $6\%\sim10\%$；进入结球期后，对氮、磷的吸收量迅速增加，占总吸收量的 $80\%\sim85\%$，而对钾的吸收量占总吸收量的 90%。一般定植后 35 d 左右，植株对氮、磷、钙等元素的吸收量达到高峰，而对钾的吸收量则在 50 d 时达到高峰。在达到高峰值之前，植株对养分的吸收量随着生育期进展基本呈现直线上升的趋势。每生产 1 t 结球甘蓝需要 N 2.8 kg、P_2O_5 0.23 kg、K_2O 3.6 kg。

（二）水分吸收

结球甘蓝根系分布较浅且外叶大，水分蒸发量多且不耐干旱，要求气候条件湿润，但其在幼苗期和莲座期能忍耐一定程度的干旱或潮湿。结球甘蓝一般在空气相对湿度为 $80\%\sim90\%$ 和土壤相对湿度为 $70\%\sim80\%$ 的条件下良好生长。结球甘蓝尤其对土壤湿度要求严格，土壤水分保持适当时，即使空气湿度较低，植株也能良好生长；如果土壤水分不足，土壤相对湿度低于 50% 时植株则会造成生长缓慢，结球期延后，叶球松散，叶球小，茎部叶片脱落，严重时不能结球；如果土壤相对湿度高于 90%，土壤排水不良，植株根部就会因缺氧而导致病害发生甚至导致植株死亡。

三、水肥一体化灌溉施肥

(一) 灌溉施肥原则

（1）合理增施有机肥，减少化肥用量，有机肥与化肥配合施用。

（2）注意在莲座期至结球后期适当地补充钙、硼等中微量元素，防止干烧心等病害的发生。

（3）与高产高效栽培技术结合，特别是与节水灌溉技术结合，采用少量多次的原则，合理灌溉施肥，以充分发挥水肥耦合效应，提高水肥利用效率。

(二) 灌溉施肥建议

（1）每亩生产田基施商品有机肥 0.5～1 t。

（2）每亩追施化肥用量：亩产量水平 4.5～5.5 t，追施氮肥（N）13～15 kg、磷肥（P_2O_5）4～6 kg、钾肥（K_2O）8～10 kg；亩产量水平 5.5～6.5 t，追施氮肥（N）15～18 kg、磷肥（P_2O_5）6～10 kg、钾肥（K_2O）12～14 kg；亩产量水平大于 6.5 t，追施氮肥（N）18～20 kg、磷肥（P_2O_5）10～12 kg、钾肥（K_2O）14～16 kg。

（3）灌溉追肥频率：苗期以控为主；苗期至莲座期，灌溉施肥 1～2 次，每亩每次灌水量 8～10 m^3，每次施肥 2～3 kg；莲座期，灌溉施肥 1～2 次，每亩每次灌溉 10～12 m^3，每次施肥 3～4 kg；结球期，灌溉施肥 2～3 次，每亩每次灌溉 12～15 m^3，每次施肥 4～5 kg；每亩每次追施数量不超过 5 kg。

（4）对往年干烧心发生较严重的地块，在苗期至结球初期施用硝酸铵钙；对于缺硼的地块，每亩可基施硼砂 0.5～1 kg，或叶面喷施 0.2%～0.3% 的硼砂溶液 2～3 次。同时可结合喷药喷施 0.5% 的磷酸二氢钾 2～3 次，以提高结球甘蓝的净菜率和商品率。

第四节　菠　菜

一、生长发育特性

菠菜，藜科菠菜属，一年或二年生草本植物，适应性广，于我国南北方各地普遍种植。菠菜耐寒力强，耐贮藏，供应期长，易种快收，产量较高，可在早春及秋冬淡季供应，是北方秋、冬、春三季的重要蔬菜之一。菠菜对土壤的适应性较强，以保水、保湿、潮湿（夜潮地）、肥沃、pH 为 6～7.5 的中性或微碱性土壤为宜，酸性土壤易使菠菜中毒，不宜栽培（彩图 6-4）。

二、养分及水分需求特性

（一）养分吸收

菠菜是速生绿叶菜，其生长要吸收较多的氮肥以促进叶丛生长，因此应注重增施氮肥。菠菜是一种不耐酸性土壤的作物，其在酸性土壤上播种，出苗不齐，叶色变黑，下部叶片黄化，根先端变褐色。可在播种前 2 周，每亩施用石灰 100～150 kg。菠菜喜硝态氮，施用硝态氮比例应占氮素化肥的 3/4 以上，最好不施硫酸铵。菠菜为速生蔬菜，生长期短，生长速度快，产量高，需肥量大。每生产 1 t 菠菜大约需要 N 2.48 kg、P_2O_5 0.86 kg、K_2O 5.29 kg。

（二）水分吸收

菠菜的食用部分为柔嫩多汁的叶片，其含水量为 92% 左右，其生长对水分的要求比较高。菠菜在空气相对湿度为 80%～90%、土壤含水量为 18%～20% 的环境中，叶部生长旺盛，品质柔嫩。播种前要充分浇水，确保苗齐、苗旺，至出苗不再浇水。发芽至 3～4 叶期，为防止立枯病的发生，要尽量控制浇水。在生育中后期，菠菜的需水量增大，一般需要浇水 3～5 次，以保持土壤湿润，越冬菠菜在冬前浇足"冻水"，夏季高温时，应在早晨或傍晚浇水，以降温促生长；施肥后都应及时浇水。收获前，为保证品质应停止浇水，同时可以减轻因湿度过大造成的病害。

三、水肥一体化灌溉施肥

（一）灌溉施肥原则

（1）合理增施有机肥，减少化肥用量，有机肥与化肥配合施用。

（2）菠菜生长前期生长缓慢，养分吸收速率低，后期进入快速生长时期，养分吸收速率高，应掌握轻施、勤施、先淡后浓的施肥原则。

（3）与高产高效栽培技术结合，特别是与节水灌溉技术结合，采用少量多次的原则，合理灌溉施肥，以充分发挥水肥耦合效应，提高水肥利用效率。

（4）菠菜喜硝态氮，硝态氮比例应在氮素化肥的 3/4 以上；同时应注意钼和锰的施用。

（二）灌溉施肥建议

（1）每亩生产田基施商品有机肥 0.5～1 t。

（2）每亩追施化肥用量：亩产量水平 2～3 t，追施氮肥（N）7～9 kg、磷肥（P_2O_5）1～2 kg、钾肥（K_2O）5～7 kg；亩产量水平大于 3 t，追施氮肥（N）9～11 kg、磷肥（P_2O_5）2～3 kg、钾肥（K_2O）7～9 kg。

（3）灌溉追肥频率：苗期以控为主，此时灌溉施肥 1 次，每亩每次灌水量 3～5 m^3，每次施肥 0～1 kg；2～3 叶期，灌溉施肥 0～1 次，每亩每次灌溉 6～10 m^3，每次施肥 1.5～2 kg；6 叶期，灌溉施肥 0～1 次，每亩每次灌溉 5～8 m^3，每次施肥 1.5～2 kg；9～10 叶期，灌溉施肥 0～1 次，每亩每次灌溉 1～2 m^3。

第七章 主要设施蔬菜绿色生产水肥一体化技术规范

第一节 番 茄

一、土壤选择

根据 NY/T 391—2021 关于绿色食品产地环境技术条件的规定，选择地势高、排灌方便、交通便利、土层深厚、土质疏松、土壤肥沃的地块建造设施。

二、品种选择和育苗管理

（一）品种选择

选用抗病、抗逆性强、耐低温弱光、连续结果能力强、优质、高产、口感好、耐贮运、商品性好、适合当地生产的品种。

（二）播种育苗

1. 浸种、催芽 把种子放入 52 ℃热水中，不停搅拌，维持水温降到 35 ℃左右后再浸泡 30 min，在室温下继续泡 6 h，出水后稍晾干，用干净湿布包好，放在 25～30 ℃处进行催芽。

2. 播种、育苗 根据栽培季节、育苗手段和壮苗指标选择适宜的播种期。依据生产计划，一般提前 120～150 d 播种。采用营养钵或育苗盘方式育苗。经过浸种催芽至芽长达 2 mm 左右可以播种。播种后注意苗床管理，培育壮苗，在幼苗长到 3～4 叶时定植。

三、整地定植

（一）整地

结合整地施足底肥。使用的基肥应符合《绿色食品　肥料使用准则》(NY/T 394—2021) 规定。如根据地力情况一般每亩施用商品有机肥 1～2 t, 注意深翻 25～30 cm, 整细, 耙平, 做畦, 按要求的密度确定好株行距。夏季高温闷棚 10～15 d, 定植前 3～5 d 揭膜晾晒。

(二) 定植

根据不同季节、不同类型、不同生产目的确定定植时期和适宜密度。一般冬春季栽培要求 10 cm 处土温稳定在 10 ℃ 以上、气温达 20～25 ℃ 时可进行定植。设施栽培提倡稀植, 采用地膜覆盖, 膜下滴灌。

四、水肥一体化管理

定植时, 结合浇水可混合植物氨基酸液体肥进行灌根 1 次, 冬春季栽培注意提高地温。缓苗后至第一穗坐住果, 注意适当浇水以促进植株生长。第一穗果膨大初期 (大型果品种果实直径 2 cm 大小), 可适度控水蹲苗, 防止徒长。第一穗果膨大中期 (大型果品种果实直径 3～4 cm 大小) 以后进行灌水追肥。每亩一次浇水量为 15～20 m³。前期由于植株较小, 果实较少, 植株需肥量较小, 因此只灌水而不追肥。

从第二穗果膨大至结果盛期, 结合浇水采用奇数追肥法, 即第一果穗、第三果穗、第五果穗等追肥。根据生长期长短, 一般每隔 10～15 d 施用有机水溶肥, 可适量加一些氨基酸液体肥或根外喷施有机液体肥。滴灌肥料后注意滴清水。

进入采收后期, 应在拉秧前 15 d 左右停止追肥浇水。

五、病虫害管理

(一) 防治原则

按照"预防为主, 综合防治"的植保方针, 认真做好预测预报工作, 坚持以农业防治、物理防治、生物防治为主, 化学防治为辅的原则。

(二) 常见病虫害

常见病虫害有病毒病、灰霉病、叶霉病、灰叶斑病、疫病、蚜虫、白粉虱、斑潜蝇等。

（三）农业防治

注意合理轮作，增施有机肥；选用抗病品种，培育壮苗；注意放风除湿和温光管理；合理水肥管理，防治生理病害；及时摘除病叶、病果，并集中销毁，清洁田园（棚室）。

（四）物理、天敌防治

1. 物理防治　在温室放风口加设防虫网，利用害虫的趋光性、趋味性，用黑光灯捕杀蛾类害虫，用黄板诱杀蚜虫。

2. 天敌防治　可利用害虫天敌对其捕食而进行防治。

（五）药剂防治

可选用矿物质和植物药剂防治病虫，如用硫黄、石灰等防治病虫，用苦楝油防治潜叶蝇，用艾菊防治蚜虫和螨虫等。

使用药剂应符合《绿色食品　农药使用准则》（NY/T 393—2020）的规定。具体病虫害化学用药情况请参考表 7-1。

表 7-1　绿色食品设施番茄主要病虫害化学防治措施

防治对象	防治时期	农药名称	使用剂量	使用方法	安全间隔期天数（d）
青枯病	发病前或发病初期	3% 中生菌素	600 倍液	灌根	7~10
立枯病	发病前	1 亿 CFU/g 枯草芽孢杆菌	每亩 100~167 g	喷雾	—
猝倒病	苗期发病前	3 亿 CFU/g 哈茨木霉菌	4~6 g/m³	灌根	
灰霉病	发病期	43% 腐霉利或 50% 啶酰菌胺	每亩 80~120 mL 或 40 g	喷雾	7~14
病毒病	发病前或发病初期	8% 宁南霉素或 5% 氨基寡糖素	每亩 75~100 mL 或 86~107 mL	喷雾	7
根腐病	发病前或发病初期	77% 硫酸铜钙	500~600 倍液	灌根	7

（续）

防治对象	防治时期	农药名称	使用剂量	使用方法	安全间隔期天数（d）
晚疫病	发病前或发病初期	50%嘧菌酯	每亩 40～60 g	喷雾	7
		50%烯酰吗啉	每亩 33～44 g	喷雾	3
		60%唑醚·代森联	每亩 40～60 g	喷雾，间隔 7 d 连续施药	7
细菌性斑点病	发病前或发病初期	3%春雷素·多黏菌	每亩 60～120 mL	喷雾，间隔 7～14 d 再施药一次	5
早疫病	发病前或发病初期	30%碱式硫酸铜	每亩 110～150 mL	喷雾	7～10
叶霉病	发病前和发病初期	6%春雷霉素	每亩 53～58 mL	喷雾	4
烟粉虱	发生初期	95%矿物油	每亩 300～500 mL	喷雾	5
	发生始盛期或产卵初期	40%螺虫乙酯	每亩 12～18 mL	喷雾	5
白粉虱	发生初盛期	21%噻虫嗪	每亩 15～20 mL	喷雾	5
蚜虫	发生初盛期	5%高氯·啶虫脒	每亩 35～40 mL	喷雾	7
蓟马	发病前或发病初期	25%噻虫嗪	每亩 10～20 mL	喷雾	7

注：农药使用以 NY/T 393—2020 的规定为准。

第二节　辣　椒

一、土壤选择

根据《绿色食品　产地环境质量》（NY/T 391—2021）要求，选择连续 3 年未种植过茄果类作物、土壤疏松肥沃、土壤 pH 为 6.5～7.0、田间排灌方便的壤土或沙壤土。其基地建设应相对集中成片，且距离公路主干线 100 m 以上，以便交通。

二、品种选择和育苗管理

（一）品种选择

选用抗病性强、综合性状好、适宜当地种植、品质优良的辣椒品种。种子质量应符合《瓜菜作物种子　第 3 部分：茄果类》（GB/T 16715.3—2010）中规定的一级良种标准。

（二）播种育苗

1. 种子消毒与催芽　温水浸种。把种子放入 55 ℃水中，不断搅拌浸泡 15 min，转入常温水中浸种 4～6 h 后捞出，然后再转入 1‰硫酸铜溶液中浸种 5～6 min，取出种子，用清水反复冲洗，沥去多余的水分，进行催芽。

2. 播种、育苗　催芽，当 60％左右的种子出芽后进行播种，具体播种、育苗方法参考本章第一节番茄的播种、育苗方法。

三、整地定植

（一）整地

请参考本章第一节番茄中所提及的整地方法。

（二）定植

根据不同季节、不同类型、不同生产目的确定定植时期和适宜密度。一般冬春季栽培要求 10 cm 处土温稳定到达 12 ℃以上、气温达20～25 ℃时可进行定植。采用地膜覆盖，膜下滴灌。

四、水肥一体化管理

（一）水肥需求特点

辣椒植株生长发育需要较多的水分，同时其又具有半耐旱的特点。在幼苗期应控制水分；第一花序坐果至盛果期需要较多水分，应保证经常灌溉；生育期中各养分吸收量的顺序为钾＞氮＞钙＞镁＞磷；第一花序开始结实、膨大后，养分吸收量迅速增加，氮、钾、钙的吸收量占总吸收量的 70％～90％；从果实膨大期起，镁的吸收量明显增加。

（二）水肥一体化

冬春季节不宜浇明水，适合采用膜下滴灌。土壤含水量在冬春季节宜保持在 60%～70%，在夏秋季节宜保持在 75%～85%。

定植至坐果前一般无须灌溉，在施足基肥的情况下，定植时浇足水，定植缓苗后再浇水，水量不宜多。底肥充足时，定植至坐果前可不追施肥。

第一花序坐果至盛果期，需要较多水分，每隔 7 d 滴灌一次。开花坐果后随浇水开始追肥，每隔 7～10 d 滴灌追一次水溶肥。

五、病虫害管理

（一）防治原则

按照"预防为主，综合防治"的植保方针，认真做好预测预报工作，坚持以农业防治、物理防治、生物防治为主，化学防治为辅的原则。

（二）常见病虫害

主要病虫害有猝倒病、炭疽病、灰霉病、蚜虫、茶黄螨等。

（三）农业防治

选用抗病品种，实行 2～3 年轮作，深耕晒垡，培育壮苗。及时拔除重病株，摘除病叶、病果并将之带出田外深埋。

（四）物理防治

用晒种、温水浸种杀灭或减少种子传播的病害；利用太阳光提高大棚内的温度，利用高温闷棚抑制病害；使用黄板、白板、蓝板诱杀蚜虫。

（五）生物防治

利用异色瓢虫控制蚜虫、叶螨；利用丽蚜小蜂防治温室白粉虱和烟粉虱；利用捕食螨防治叶螨、蓟马、粉虱、蚜虫等小型害虫和害螨；利用球孢白僵菌防治蓟马、粉虱、蚜虫等；利用苏云金芽孢杆菌防治多种鳞翅目蔬菜害虫，如小菜蛾、菜青虫、甜菜夜蛾等；利用昆虫病毒，包括菜青虫颗粒体病毒、甘蓝夜蛾核型多角体病毒、甜菜夜蛾核型多角体病毒、斜纹夜蛾多角体病毒、小菜蛾颗粒体病毒和苜蓿银纹夜蛾核型多角体病毒等，防治蔬菜害虫；利用昆虫信息素进行蔬菜害虫种群监测、诱杀、驱避和干扰交配等；利用植物源农药，如印楝素、除虫菊素、苦参碱等防治病虫害。

（六）药剂防治

在农业防治、物理防治、生物防治等措施严格执行的情况下，对仍发生较重病虫害的，可采取化学药剂防治，应严格按照《绿色食品　农药使用准则》（NY/T 393—2020）规定执行。应加强对病虫害的预测预报；识别症状，对症下药；明确防治范围，重点、局部用药；严格掌握施药浓度，不盲目加大用药量；轮换、交替用药，合理混用；认真执行药后安全间隔采收期。具体病虫害化学用药情况参照表 7-2。

表 7-2　绿色食品设施辣椒主要病虫害化学防治措施

防治对象	防治时期	农药名称	每亩使用剂量	施药方法	安全间隔期天数（d）
猝倒病	幼苗出土后叶尚未展开前	80%代森锰锌可湿性粉剂	150～210 g	苗床喷雾	14
		30%精甲·噁霉灵水剂	30～45 mL	苗床喷雾	10
炭疽病	果实近成熟时，发病初期	50%克菌丹可湿性粉剂	125～187.5 g	喷雾	2
		250 g/L 嘧菌酯悬浮剂	32～48 mL	喷雾	5
		80%代森锰锌可湿性粉剂	150～210 g	喷雾	14
灰霉病	12月至翌年5月，发病初期防治	250 g/L 嘧菌酯悬浮剂	32～48 mL	喷雾	5
		50%腐霉利可湿性粉剂	67～100 g	喷雾	14
蚜虫	虫害发生初期	1.5%苦参碱可溶液剂	30～40 g	喷雾	10
茶黄螨	害螨发生初期	43%联苯肼酯悬浮剂	20～30 mL	喷雾	5

注：农药使用以 NY/T 393—2020 的规定为准。

第三节　茄　子

一、土壤选择

根据 NY/T 391—2021 规定，宜选择地势高、地下水位较低、排灌方便、富含有机质、疏松肥沃、土层深厚的壤土地块。

二、品种选择和育苗管理

(一)品种选择

因地制宜地选择优质、高产、抗病虫的优良品种。各地应根据当地的生态环境和病虫害发生情况选择抗病虫害能力强、商品性好的丰产品种。

(二)播种育苗

1. 种子消毒 将种子用 55～60 ℃的温水浸种消毒 15～20 min 后,转入 0.5％氨基寡糖素水剂 400～500 倍液中浸种 6 h,以预防枯萎病、青枯病、病毒病发生,接着将种子放入清水中浸种 5～6 h;再在 25～28 ℃的条件下催芽 4～5 d,催芽期间每间隔 8～12 h 将种子翻动 1 次,同时用清水洗净种子表面黏液,然后再继续催芽。当有 75％～85％的种子萌发露白时即可播种。

2. 播种、育苗 在保证成熟期的情况下,可以适当晚播。适当晚播,幼苗出土快,不易感染病害,植株健壮;冬季育苗龄为 70～80 d。播种、育苗方法参考本章第一节番茄的播种、育苗方法。

三、整地定植

(一)整地施基肥

肥料使用应符合《绿色食品 肥料使用准则》(NY/T 394—2021)的规定。定植前 15～20 d 进行土地耕整和施基肥。每亩施腐熟有机肥 5～7 m³,施肥后深翻 25～30 cm,整平、耙细,浇水造墒。先采用平畦定植,后培土成垄,垄高 20～25 cm,按畦宽 90 cm、60 cm 做成大小畦,用小畦定植。

(二)定植

冬春季栽培在地温稳定为 10 ℃以上、气温达 20～25 ℃时可进行定植。根据不同季节、不同类型、不同生产目的确定定植时期和适宜密度。用地膜覆盖栽培,可起到保水、保温和防杂草的作用。

四、水肥一体化管理

(一) 需肥特点

茄子在不同生育期对养分的吸收量不同。幼苗期对养分的吸收量不大，但对养分的丰缺非常敏感。磷影响茄子的花芽分化，所以前期要注意满足磷的供应；从幼苗期到开花结果期对养分的吸收量逐渐增加；进入盛果期，茄子对钾的吸收量和氮相当，且吸收量显著增多。

(二) 水肥一体化

茄子属于深根性植物，水肥管理应采取"前控、中促、后补"的原则。定植水要浇足，缓苗期一般不浇水，缓苗后须根据实际情况小水勤浇，保持表土见干见湿、疏松透气，以利于秧苗根系向纵深发展。

1. 幼苗期（40～50 d）　从第1片真叶显露到第1个花蕾现蕾为幼苗期。苗期冬季每2～3 d滴水1次，夏季每天滴水1次。

2. 开花坐果期（20～30 d）　从第1朵花现蕾到第1个果坐果为开花坐果期。可每隔5 d追1次肥，每次随水滴入腐熟的鸡粪水。开花前后叶面喷施10%草木灰浸出液，可促使枝叶青绿，增强光合作用，减少花果脱落，提高果实品质。草木灰浸出液要经过过滤澄清后才能使用，以防对叶、花、果造成污染。

3. 结果期（55～120 d）　这一时期开花和坐果同时进行，是茄子产量形成的主要阶段，此时要及时整枝，加强肥水管理，根据茄子生长发育情况，可以随滴灌每隔5～7 d追施一次有机水溶肥。

五、病虫害管理

(一) 防治原则

坚持"预防为主、综合防治"的原则，可通过选用抗病品种、高温消毒、合理肥水管理、间作套种、保护天敌等农业措施或物理措施综合防治病虫草害。

(二) 常见病虫害

茄子的主要病害有青枯病、灰霉病、黄萎病等。主要虫害有蚜虫、白粉虱、蓟马、甜菜夜蛾等。

（三）防治措施

1. 农业防治　与非茄科作物进行 3 年以上的轮作，合理密植。选用抗（耐）病虫、优质、高产的优良品种。培育适龄壮苗，提高抗逆性。通过嫁接栽培以防止黄萎病等土传病害。覆盖地膜以降低室内空气相对湿度，以减少真菌病害和细菌病害的发生和危害，并防除杂草、提高地温。适时中耕松土，改善土壤的通气条件，调节地温，合理肥水。及时清除温室周边与室内的杂草。及时摘除病残体，并带到温室外集中处理。

2. 物理防治　越冬茬或冬春茬结束后高温闷棚。在所有通风口安装 60 目防虫网。覆盖银灰色地膜或挂银灰色塑料条驱避蚜虫。利用黄板诱杀粉虱、蚜虫、斑潜蝇等害虫，每亩日光温室悬挂 20 cm×30 cm 的黄板 30～40 块，悬挂高度与植株顶部持平或高出 5～10 cm。

3. 生物防治　利用异色瓢虫控制蚜虫、叶螨；利用丽蚜小蜂防治温室白粉虱和烟粉虱；利用捕食螨防治叶螨、蓟马、粉虱、蚜虫等小型害虫和害螨；利用球孢白僵菌防治蓟马、粉虱、蚜虫等；利用苏云金芽孢杆菌可防治多种鳞翅目蔬菜害虫，如小菜蛾、菜青虫、甜菜夜蛾等；利用昆虫病毒，包括菜青虫颗粒体病毒、甘蓝夜蛾核型多角体病毒、甜菜夜蛾核型多角体病毒、斜纹夜蛾多角体病毒、小菜蛾颗粒体病毒和苜蓿银纹夜蛾核型多角体病毒等，防治蔬菜害虫；利用昆虫信息素进行蔬菜害虫种群监测、诱杀、驱避和干扰交配等；利用植物源农药如印楝素、除虫菊素、苦参碱等，防治病虫害。

4. 化学药剂防治　在农业防治、物理防治、生物防治等措施严格执行的情况下，仍发生较重病虫害的田块，可采取化学药剂防治，应严格按照《绿色食品　农药使用准则》（NY/T 393—2020）规定执行。应加强病虫害预测预报；识别症状，对症下药；明确防治范围，重点、局部用药；严格掌握施药浓度，不盲目加大用药量；轮换、交替用药，合理混用；认真执行药后安全间隔采收期。病虫害化学药剂防治方法可参考表 7-3。

表 7-3　绿色食品日光温室茄子生产主要病虫害防治推荐农药使用方案

防治对象	防治时期	农药名称	使用量	使用方法	安全间隔期 (d)
青枯病	苗期	20 亿孢子/g 蜡质芽孢杆菌可湿性粉剂	100 倍液	灌根	—
	生长期		100～300 倍液	灌根	—
	发育期	0.1 亿 CFU/g 多黏类芽孢杆菌细粒剂	300 倍液	浸种	
			0.3 g/m²	苗床泼浇	
			每亩 1 050～1 400 g	灌根	
灰霉病	发病初期	50％硫黄·多菌灵可湿性粉剂	每亩 135～166 g	喷雾	7～10
黄萎病	移栽定植时	10 亿芽孢/g 枯草芽孢杆菌可湿性粉剂	每株 2～3 g	药土法	5
	发病初期		300～400 倍液	灌根	
蚜虫	发生初期	1.5％苦参碱可溶液剂	每亩 30～40 g	喷雾	10
白粉虱	发生初期	25％噻虫嗪水分散粒剂	每亩 7～15 g	喷雾	14
	苗期（定植前 3～5 d）		每亩 7～15 g	喷雾	14
	发生初期		每株 0.12～0.2 g	灌根	7
蓟马	发生初期	8％多杀霉素水乳剂	每亩 20～30 mL	喷雾	5
	发生高峰前	60 g/L 乙基多杀菌素悬浮剂	每亩 10～20 mL	喷雾	5
	发生初期	0.5％藜芦碱可溶液剂	每亩 70～80 mL	喷雾	—
甜菜夜蛾	卵孵化高峰期	30 亿 PIB/mL 甜菜夜蛾核型多角体病毒悬浮剂	每亩 20～30 mL	喷雾	—

注：农药使用以 NY/T 393—2020 的规定为准。

第四节　黄　　瓜

一、土壤选择

黄瓜需水量大但又怕涝，应选干燥、排灌方便的肥沃沙壤土地块栽培。生产场地应干净卫生、地势平坦、排灌方便，土质疏松、肥沃、富含有机质，土层深厚，地下水洁净、充足。产地环境条件应符合《绿色食品　产地环境质量》（NY/T 391—2021）的规定。选择地势高、排灌方便、土壤疏松肥沃、有机质丰富、pH 5.5～7.5、耕作层深 30 cm 以上的壤土或沙壤土，选择前茬 1～2 年未种过瓜类作物的地块。

二、品种选择和育苗管理

（一）品种选择

根据种植区域和生长特点选择适合当地生长的优质品种。如越冬一大茬或早春茬黄瓜生产宜选择耐低温、弱光、抗病性强、高产优质的品种，越夏生产宜选用耐热、抗病毒病的品种。选用当地市场认可的瓜条、瓜瓤颜色和形状的品种。

（二）播种育苗

1. 种子处理　温水浸种，用清洁的容器装入种子体积 5 倍的 55 ℃温水，将种子放入水中，不断搅动种子至 30 ℃，再浸泡 4～6 h。用清水洗几遍，装入纱布袋，放在 28～30 ℃处催芽 24 h 左右。

2. 育苗　采用穴盘或营养钵育苗。经过催芽后将萌动出芽的种子播种于穴盘或营养钵，然后覆盖营养土，上面盖地膜保湿提温。当 80% 出苗时撤下地膜。子叶破土前的育苗环境条件为白天 28～30 ℃，夜间 20 ℃。子叶破土后，白天的适宜温度为 28～30 ℃，夜间为 14～16 ℃。温室黄瓜育苗主要是调节温度、光照和水分。调节温度靠通风和保温，白天气温超过 30 ℃时要通风换气，低于 25 ℃时应关闭放风口；夜间最低气温应保持在 10 ℃以上。同时需注意调节光照条件。

三、整地定植

（一）整地

选择前茬为非瓜类作物的温室或大棚，要求土壤肥沃、保肥、保水、排灌方便。

定植前施足有机肥、深翻旋地、做畦浇足水，然后关闭棚膜进行 20 d 以上的高温闷棚消毒。闷棚后再次旋地、细耙、做畦。秋冬茬或越冬一大茬推荐做高畦后铺设滴灌管，采用滴灌方法浇水施肥。早春茬口在整地做畦后覆盖地膜，提高地温。施肥应符合《绿色食品 肥料使用准则》（NY/T 394—2021）的规定。每亩用量需根据土壤的肥沃程度和有机肥类型确定，一般每亩用 1～2 t 商品有机肥或生物有机肥及一定量的化肥，如三元复合肥、钙肥（碱性土壤用过磷酸钙，酸性土壤用钙镁磷肥）、硫酸钾。

（二）定植

选择壮苗定植。壮苗的标准是：3～4 片叶，株高 10～13 cm，冬春季育苗的苗龄为 30 d 左右，夏秋季育苗的苗龄 20 d 左右，子叶绿色完好，真叶茎叶和叶柄夹角呈 45°，叶片平展，叶色深绿，有光泽，叶片厚，叶缘缺刻多、先端尖，叶脉粗。

一般黄瓜亩栽 2 200～2 500 株，定植深度为栽下的苗坨上表面与垄面齐平。

四、水肥一体化管理

黄瓜根系浅，追肥应当勤施轻施。施肥应符合《绿色食品 肥料使用准则》（NY/T 394—2021）的规定。

缓苗到根瓜采收之前一般不施肥，但如果地力差，可以追施一次 $N : P_2O_5 : K_2O = 1 : 1 : 1$ 的水溶性复合肥或每亩追施尿素 5 kg。

根瓜采收后，结合灌水开始第 1 次追肥，滴灌每亩施 3～4 kg 水溶性复合肥，膜下沟灌每亩施 5～7.5 kg 复合肥。

盛瓜期需要较多的钾元素，可施用含钾量高的水溶性复合肥。两次灌水之间施一次肥，滴灌每亩每次追施 2～4 kg 的水溶性复合肥，沟灌每亩每次追施 5～7.5 kg 的复合肥。深冬季节应少施化肥，可冲施腐植酸、氨基酸类等肥料以促进根系生长。

五、病虫害管理

（一）防治原则

坚持"预防为主，综合防治"的原则，推行绿色防控技术，优先采用农业防治、物理防治和生物防治措施，配合使用化学防治措施。

（二）常见病虫害

主要病害有苗期立枯病、生育期白粉病、霜霉病、细菌性角斑病、灰霉病、枯萎病等。

主要虫害有白粉虱、蚜虫、美洲斑潜蝇、蓟马等。

（三）防治措施

1. 农业防治 选择综合抗逆性强的品种；合理轮作，不与瓜类作物重茬；消除田间杂草，减少病源、虫源；定植前进行土壤和设施内空间消毒；嫁接育苗；培育壮苗；加强通风，降低湿度。

2. 物理防治 阳光晒种，温水浸种，夏季灌水高温闷棚；通风口使用 60 目的防虫网防虫；使用杀虫灯，悬挂黄色、蓝色粘虫板诱杀白粉虱和蓟马，每亩宜悬挂黏虫板 60 个（黄板、蓝板各 30 个）。

3. 生物防治 提倡利用自然天敌如瓢虫、草蛉、蚜小蜂等对蚜虫自然控制。使用植物源农药、农用抗生素、生物农药等防治病虫。

4. 化学防治 农药的使用应符合《绿色食品　农药使用准则》（NY/T 393—2020）的规定。常见病虫害化学防治方法参见表 7 - 4。

表 7 - 4　绿色食品黄瓜主要病虫害化学防治方法

防治对象	防治时期	农药名称	使用剂量	施药方法	安全间隔期天数 (d)
立枯病	苗期病发生期	70%噁霉灵可湿性粉剂	$1.25 \sim 1.75 \ \text{g/m}^2$	喷雾	—
白粉病	发病初期	250g/L 吡唑醚菌酯乳油	$20 \sim 40$ mL	喷雾	2
	发病初期	250g/L 嘧菌酯悬浮剂	$60 \sim 90$ mL	喷雾	10
霜霉病	发病初期	58%甲霜灵·锰锌可湿性粉剂	$150 \sim 180$ mg	喷雾	1
	发病初期	50%烯酰吗啉可湿性粉剂	$35 \sim 40$ g	喷雾	3
	发病初期	20%乙蒜素乳油	$70 \sim 87.5$ g	喷雾	5
细菌性	发病初期	2%春雷霉素水剂	$140 \sim 175$ mL	喷雾	4
角斑病	发病初期	77%氢氧化铜可湿性粉剂	$150 \sim 200$ g	喷雾	3

（续）

防治对象	防治时期	农药名称	使用剂量	施药方法	安全间隔期天数（d）
灰霉病	发病初期	50％啶酰菌胺水分散粒剂	33～47 g	喷雾	2
	发病初期	40％嘧霉胺可湿性粉剂	63～94 g	喷雾	3
枯萎病	发病初期	3％氨基寡糖素水剂	600～1 000 倍	灌根	10
	发病初期	50％甲基硫菌灵悬浮剂	60～80 g	喷雾	2
白粉虱	发生初期	10％吡虫啉可湿性粉剂	10～20 g	喷雾	7
	发生初期	4.5％联苯菊酯水乳剂	20～35 mL	喷雾	4
	发生期高峰期	25％噻虫嗪水分散粒剂	10～12 g	喷雾	5
蚜虫	低龄若虫发生期	50％吡蚜酮水分散粒剂	10～15 g	喷雾	3
	发生初期	1.5％苦参碱可溶液剂	30～40 g	喷雾	10
美洲斑潜蝇	产卵盛期至幼虫孵化初期	10％灭蝇胺悬浮剂	100～150 mL	喷雾	3
蓟马	发生始盛期	20％啶虫脒可溶液剂	7.5～10 mL	喷雾	2

注：农药使用以 NY/T 393—2020 的规定为准。

第八章 设施蔬菜土壤消毒技术

设施农业在为作物提供适宜的生长环境的同时，也为各种害虫和土传病原菌提供了适宜的生长和越冬条件，使病虫害发生的概率变得更高。随着种植年限的增长，蔬菜病虫害的发生频率会越来越高，危害也会越来越严重。土传病原物主要包括真菌、细菌、放线菌和线虫等，其中以真菌为主。危害最为严重的是瓜果类蔬菜作物，如疫病、根腐病、枯萎病、立枯病、灰霉病等。设施栽培土传病害往往具有隐蔽性，一般会在结果期达到发病高峰，对其采取控制措施收效甚微，任其发展经常会造成绝产绝收。土壤消毒十分高效，是能快速杀灭土壤真菌、细菌、线虫、病毒、杂草种子以及地下害虫的实用技术，能有效地防治土传病虫害。土壤消毒方法分为物理消毒、化学消毒和生物消毒。生产上常用物理消毒（高温闷棚）、化学消毒（熏蒸和非熏蒸药剂处理）等方法进行土壤消毒。

第一节 夏季高温闷棚消毒技术

日光温室和塑料大棚均可闷棚。闷棚对大多数真菌、细菌和线虫等引起的土传病害有一定的防治效果。最好每年进行 1 次高温闷棚消毒处理，至少应 2～3 年进行 1 次。具体技术要点如下。

一、清洁田园

为提高消毒效果，将前茬作物地上部残体进行清理。若根结线虫较为严重，应将作物病根挖出并运到棚室之外。被清理出来的作物病残体不能随处堆放，应对其进行焚烧或高温堆肥处理。

二、施入发酵物

可在闷棚处理前施用高温发酵物如玉米、小麦秸秆等。将其切成 3～5 cm 小段，均匀铺 5～10 cm 厚于棚内，每亩用量 1～3 t，畜禽粪便亩用量为 5～8 m³。将有机填充物均匀撒施于地表，深耕 35 cm 以上，再旋耕 1 次。然后整地，灌水，1～2 d 后进行地面覆膜和棚室封闭。撒施秸秆腐熟剂的一般用量为每亩 5～8 kg。如果没有条件的也可不施用高温发酵物。

三、浇水覆膜

深翻土壤后随即大水漫灌，水面要高出地面 3～5 cm，待水渗入土壤后，再用地膜覆盖并压实。

四、封棚升温

一般在 6 月中旬至 7 月下旬进行封棚。要关好棚室风口，盖好棚膜，防止雨水进入，以确保棚室迅速升温，使地表 10 cm 处温度达到 70 ℃以上，20 cm 处地温达到 45 ℃以上。

五、闷棚时间

闷棚时间可根据歇茬期长短确定。一般至少闷棚 20～30 d，时间越长越好，以达到杀死深根性土传病菌和地下害虫卵蛹的效果。

六、后续处理

闷棚结束后，揭开地膜，打开棚膜通风口进行晾棚。待地表湿度合适时及时翻耕晾晒，为下茬作物做准备。翻耕后一般要晾晒 10～15 d 才可种植作物。

第二节　非熏蒸剂土壤消毒技术

石灰氮（氰氨化钙）、阿维菌素和噻唑膦为非熏蒸剂。每种药剂的施用方法也不同，下面将分别对其进行介绍。

一、石灰氮

石灰氮俗称乌肥或黑肥，主要成分氰氨化钙，分子式为 $CaCN_2$，相对分子质量为 80.10，含氮量 $18\% \sim 22\%$，含钙量 38%。因其所含石灰较多，故称为石灰氮。石灰氮为灰黑色粉末，有刺鼻的电石或氨的气味，容重为 $0.9 \sim 1.1 \, g/m^3$，微溶于水，强碱性，易吸水潮解少量的氨，对人体鼻黏膜有强烈的刺激性。石灰氮比重较小，质地较轻，作肥料撒施时易飞扬或漂浮在地表面或水面，造成肥料流失及环境污染。为此，农用石灰氮一般添加少量矿物油制成颗粒状。颗粒石灰氮与粉末状石灰氮的主要成分和含量差异不大。

石灰氮消毒是通过环境高温条件和石灰氮水解的单氰胺和双氰胺的触杀作用来防治土传病害、线虫、地下害虫，并抑制杂草生长。温度的高低和持续时间的长短对消毒效果有直接影响。一般在夏季设施封闭、高温情况下，石灰氮的消毒效果较理想。

石灰氮除具有土壤消毒作用外，还具有缓释氮肥、长效钙肥和改良土壤的作用，在土壤中和作物体内无残留，对环境和农产品十分安全。但在处理过程中若操作不当则会影响消毒效果。具体操作技术要点如下。

1. 适宜用量 根据土传病虫害发生程度不同和消毒目的，施用量有一定的差别。一般第 1 年每亩用量为 $40 \sim 60 \, kg$，若病情较重可以加大到每亩 $80 \, kg$；第 2 年可减到每亩 $60 \, kg$。若只为预防土传病虫害，则每亩用量为 $40 \, kg$。

2. 时间选择 一般在应选择 6 月中旬至 7 月下旬中阳光充足的某天，在晴天气温较高的时期进行。为提高土壤消毒效果，处理前注意清洁田园，减少病株残体（方法同闷棚处理）。

3. 施入发酵物和石灰氮 方法同上述闷棚处理，但不用添加秸秆腐熟剂，也不施用生物菌剂，最后撒施石灰氮。

4. 整地做畦 撒施石灰氮后，进行深耕（35 cm 以上），再旋耕 1 次。然后做成高 30 cm、宽 60～80 cm 的畦，以便于灌水。

5. 整棚覆膜　将整棚内的地块覆盖塑料膜，四周掩埋压实，在各畦的一侧留有灌溉口。

6. 整棚灌溉　从灌溉口向畦面浇足水，灌水深度距垄肩 5 cm 为宜。灌水后将全部灌溉口压实封闭。

7. 高温闷棚　封闭设施所有通风口、门窗，保证棚室不透风漏气，以确保地温迅速升高。

8. 揭膜备植　闷棚 10～20 d 后，打开所有通风口和门窗，揭开地膜，通风 5～7 d 后，可进行种植准备工作。

9. 注意事项

（1）安全防护。要穿长裤、长袖上衣和高筒靴，佩戴帽子、口罩（或防毒面具）、手套和护目镜。施药过程中禁止吸烟和进食。

（2）应急措施。如误触及呼吸道、眼睛和皮肤，应用清水反复冲洗。若有不适反应，应立即就医。

（3）应将未用完的药剂用原有包装物进行密封包装，并存放在通风、干燥处。不得与食物、饲料等物品一起贮存。

（4）操作人员在施用石灰氮前后 24 h 之内严禁饮酒。

（5）石灰氮属强碱性氮肥，一般不能与多种氮素化学肥料混合使用，如硫酸铵、硝酸铵、碳酸铵、氯化铵、氨水等，以及包括上述铵态氮的各种复合肥料。

二、阿维菌素

阿维菌素，又称爱福丁、虫螨光、绿菜宝，是 1976 年日本北里大学和美国 Merk 公司合作开发的非熏蒸型土壤消毒剂。阿维菌素精药粉为白色或黄色晶体，相对密度为 1.16，熔点为 150～155 ℃，常温下不易分解。农药上常用的阿维菌素为二甲苯溶解乳油，含量为 3%～7%，为浅褐色液体，常温下可贮存 2 年以上。

阿维菌素对螨类、昆虫和线虫具有胃毒作用和触杀作用。螨类成虫、若虫和昆虫幼虫接触阿维菌素后即出现麻痹症状，不活动、不取食，2～4 d 后死亡。因不引起昆虫迅速脱水，所以阿维菌素的致死作用较为缓慢。阿维菌素被土壤吸附后不会移动，但会逐渐被微生物分解，因而在环境中无积累，对环境和作物较为安全。阿维菌素可防治蔬菜根结线虫病。

石灰氮能对表层土壤全部消毒，而阿维菌素可对土壤进行局部消毒，而且在作物生长期间也可以施用。具体操作技术要点如下。

1. 用药量 每亩用 1.8％阿维菌素乳油 500 mL，稀释 1 000 倍溶液灌根。

2. 施用时间 播种、定植前或作物生长期间均可施用。夏季避开中午天气、光照强烈时施药。

3. 施用方法 阿维菌素可通过混土、喷灌、沟灌和滴灌等方法施入土壤。施用后覆膜效果更佳。

4. 注意事项

（1）阿维菌素对蜜蜂有毒，对于需要蜜蜂授粉的作物不能在开花期施用此药剂。

（2）水生和浮游生物对阿维菌素敏感，因此应避免该药剂污染鱼塘和河流等水体。

（3）应注意施用阿维菌素中的安全防护措施、应急措施和贮存要求，可具体参见石灰氮土壤消毒技术注意事项。

三、噻唑膦

噻唑膦，商品名为福气多，是日本石原产业株式会社研制开发的非熏蒸型消毒剂，具有高效、低毒、低残留的特点。纯品为浅棕色油状物，相对密度为 1.26，沸点为 198 ℃。主要剂型有 5％颗粒剂、10％颗粒剂。

噻唑膦与阿维菌素相同，为触杀性和内吸传导型杀线虫剂。对根结线虫、根腐线虫、孢囊线虫和茎线虫有特效。主要作用方式为抑制根结线虫乙酰胆碱酯酶的合成，能有效防止线虫入侵植株根部。

用噻唑膦进行土壤消毒，施药简单，使用方便，可对局部土壤进行消毒处理，无须放风换气，药剂处理后可直接定植。适应作物有黄瓜、西瓜等瓜类作物及辣椒、番茄和茄子等茄科作物，也可用于薯类作物。具体操作技术要点如下。

1. 用药量 每亩 1.5～2 kg。

2. 施用时间 定植前施用。为确保效果，施药后应当天进行幼苗移栽。夏季施药时应避开中午暴晒炎热、阳光强烈的时间段。

3. 施用方法 为达到防治线虫的最佳效果，应将药剂与土壤充分混合，也将其可施于畦面和定植沟内。具体操作为均匀地将药剂撒施在土壤表面，再用旋耕机旋耕土壤，旋耕深度为 15～20 cm，使药剂与土壤充分混合。

4. 注意事项

（1）清洁田园和土壤准备的具体内容与高温闷棚处理中的一致。

（2）一茬作物只需施药一次。

（3）播种或定植后使用容易产生药害，因此必须在播种和定植前施药。

（4）方法不当、用量过大或土壤过湿都容易引起药害，因此应严格遵守标签规定剂量和方法。

（5）施药地点要远离桑园蚕室、水产养殖区，使用完药物之后禁止将药物器具或其他相关工具放入河塘或其他水体中清洗。

（6）妥善处理使用过的容器或器皿，不可用于他用，不可随意丢弃。

5. 安全防护措施、应急措施和贮存要求 在使用时要做好防护准备，避免噻唑膦水剂接触到皮肤而引起不适。怀孕和哺乳期妇女禁止接触此药剂。施用噻唑膦的相关安全防护措施、应急措施和贮存要求具体可参见石灰氮土壤消毒技术。

第三节 熏蒸剂土壤消毒技术

土壤熏蒸消毒是利用熏蒸剂类化合物挥发产生的蒸气杀死土壤

害虫、病菌或有害生物的技术措施，常用的土壤熏蒸剂有氯化苦、威百亩、棉隆等，以下将分别对其进行介绍。

一、氯化苦

氯化苦，又名氯苦、硝基氯仿，化学名称为三氯硝基甲烷，是一种对真菌、细菌、昆虫、螨类和鼠类均有杀灭作用的熏蒸剂，用于防治土传病害效果良好。连续使用后在土壤中和农作物上无残留，也不会对地下水产生污染，无不良影响。

氯化苦纯品为无色或微黄色油状液体，具有极强的催泪性。熔点为$-64\,℃$，沸点为$112\,℃$，相对密度为1.356。氯化苦几乎不溶于水，但易溶于苯、乙醇、煤油等多种溶剂。它在空气中能挥发成气体，但挥发速度较慢，其气体质量比空气大4.67倍，扩散深度为$0.75\sim1\,m$。它容易被多孔物质和活性炭吸附，在潮湿物体上可以保持很久。氯化苦化学性质较为稳定，不易与其他酸、碱发生作用，无爆炸性和燃烧性。

氯化苦具有杀虫、杀菌、杀线虫和灭鼠等作用，但其杀灭作用比较缓慢。氯化苦的药效与温度呈正相关，温度高则效果好。氯化苦适用于番茄、草莓、黄瓜、辣椒等作物的连作障碍和土传病害。

土壤消毒前应优先考虑轮作、抗病品种、嫁接、有机质补充、无土栽培、生物防治、物理消毒等措施，当这些措施在技术上或经济上不可行时，方可考虑采用氯化苦等化学消毒的方法。

氯化苦属于危险化学品，是国家公安、安全监管监察部门专项管理的产品之一。氯化苦施用人员需经过安全培训，取得县级以上主管部门颁发的资格证书。

1. 前期准备

（1）清洁田园。为达到土壤消毒效果，应对田园进行清洁，要将作物病残体清理出栽培设施，再进行焚烧或深埋处理。

（2）土壤准备。消毒前土壤须深翻至少$35\,cm$，使土表平整并保持表层土壤处于疏松状态以保证土壤的通透性。土壤消毒处理前要进行灌溉，土壤湿度要达到 90% 以上，以激活土壤中的病原菌和杂草种子。然后晾晒数天，使土壤相对湿度达 60%～70%，一般沙壤土应晾晒 4～5 d，黏土应晾晒 7～9 天，此后再次旋耕土壤。

适于氯化苦消毒的土壤其 10 cm 处土层的温度应为 12 ℃ 以上，应避免在气温低于 10 ℃ 或高于 30 ℃ 的环境下操作。

（3）薄膜准备。选用厚度 0.04 mm 以上的优质薄膜，长度和宽度要至少留有 1～2 m 的富余量。应提前检查重复使用的薄膜，对柔性和伸张性差的薄膜应进行更换，对破损的薄膜须用较宽的塑料胶带对内外两侧进行修补。覆膜时应整块地覆盖，不要留有死角。对于薄膜四周和相连处，应采用反埋法进行掩埋。为防止漏气，埋土处应先压住后再浇水。

2. 施药量 番茄、黄瓜、茄子、辣椒和草莓的推荐用量为每亩 16～24 kg。根据作物连作时间长短和土传病害发生的轻重程度选择施药剂量。连作时间短、发病轻的地块采用低剂量，连作时间长、发病重的地块采用高剂量。

3. 施药方法 通过调节施药器械的剂量调节装置，准确确定施药剂量。

（1）人工注射法。用手动注射器将氯化苦注入土壤中，深度为 15～20 cm，注入点的距离为 30 cm，每孔注射量为 2～3 mL。注射完成后，用脚将注射孔踩实，并覆盖塑料薄膜。应注意注射时应逆风向操作。

（2）机械施药。必须使用专用的施药机械进行施药。专用施药机械应配置具有相应马力的动力装置，如拖拉机等，可将施药机械与动力设备连接后，将药剂均匀地施于土壤中。施药时间应避开中午天气暴晒炎热时段，选择 4：00—10：00 或 16：00—20：00。

4. 覆膜和揭膜通气 为防止药剂向空气中挥发，施药后，应立即用塑料膜覆盖，膜四周用土压实。地温不同，覆盖时间和揭膜通气时间也不同。具体可见表 8-1。

表 8-1 不同土壤温度对应的氯化苦覆膜时间和通气时间

10 cm 处土层温度（℃）	覆膜时间（d）	通气时间（d）
25~30	7~10	5~7
15~25	10~15	7~10
5~15	20~30	10~15

5. 安全性测试 为保证消毒后土壤的安全性，土壤消毒后可进行种植的时间取决于揭膜通风时间，要让毒气完全或基本散发出去，以避免对作物产生药害。通风时间与熏蒸剂特性、气候条件和土壤质地有关，如冷湿天气应增加通气时间，干热天气可缩短通气时间。对于有机质含量高的土壤应增加通气时间，重质黏土比轻质沙土需要更长的通气时间。可通过种子发芽试验确定安全的种植时间。

（1）田间发芽试验。在揭膜通风1~2周后，在地块前、中、后不同区域播种20粒大豆种子，3 d后观察种子是否出土。若出苗率达到70%，且子叶和根尖无明显烧伤症状，即可进行播种或幼苗移栽。

（2）室内发芽试验。取2个广口玻璃瓶或罐头瓶，分别快速装入消毒过和未消毒过土壤（10~15 cm处表层土壤）。将湿润的棉花或滤纸平铺在土壤上部，在其上放置20粒浸泡6 h的莴苣种子，然后盖上瓶盖。若使用白菜等十字花科种子代替莴苣种子，可直接播种，无须浸泡。将广口瓶或罐头瓶置于25 ℃无直接光照条件下培养，2~3 d后，记录种子发芽率，并观察发芽状态。当两者发芽率均达到75%以上，且消毒过土壤中种苗根尖无烧伤症状，即表明消毒土壤通过了安全性测试。

6. 注意事项

（1）向注射器内注药时要避开人群，将注射器插入地下。操作人员要站上风向，灌注完成后迅速拧紧盖子，然后再向地里施药。

（2）施药地块周边有其他作物时，特别是施药地块处在下风向时，应用塑料布将其他可能受影响的作物遮盖住。

（3）安全防护同石灰氮消毒措施。要穿长裤、长袖上衣和高筒靴，佩戴帽子、口罩（防毒面具）、手套和护目镜。施药过程中禁止吸烟和吃东西。

（4）施药时杜绝围观。若施药地块下风向有劳动人员，应另选时间施药。

（5）施药过程中，若氯化苦不慎洒落到地面，应覆土处理。

（6）施药完成后，应在处理区就地用煤油或柴油及时清洗施药器械，清洗器械时应远离河流、养殖池塘和水源上游。

（7）氯化苦包装物和清洗废液应回收并集中处理。

（8）若皮肤不慎接触到氯化苦，应及时用清水冲洗，若有不适则应及时就医。

（9）施药后，防护服等衣物要单独清洗。

二、威百亩

威百亩，又名维巴姆、线克、保丰收，是于 1954 年由美国斯托弗公司开发的。化学名称为 N-甲基二硫代氨基甲酸钠，是一种具有杀线虫、杀菌、杀虫和除草功能的土壤熏蒸剂。

威百亩为无色晶体，在 20 ℃水溶液中溶解度为 722 g/L，在甲醇中有一定的溶解度，在其他有机溶液中几乎不溶。威百亩的浓水溶液稳定，稀水溶液不稳定；在湿土壤中会发生化学反应分解出异氰酸甲酯，即实际起土壤消毒作用的有效成分；与酸接触释放出有毒气体；其水溶液对铜、锌等金属有腐蚀作用。

威百亩药液与土壤中的水混合后能够迅速生成异硫氰酸甲酯气体，该气体对生物具有毒害作用，是起土壤消毒作用的有效成分。在土壤中液相的异硫氰酸甲酯挥发成气体而在土壤中扩散，在适当的土壤环境条件下，杀死导致作物发生枯萎病、疫病等土传病害的病菌、线虫以及杂草种子。在高温季节也可利用日光照射，通过较长时间塑料薄膜覆盖来提高土壤温度，以杀死土壤中包括病原菌在内的多种有害生物。

威百亩主要用于防治线虫病及土传病害，并兼有除草作用。熏蒸土壤可以兼杀真菌、线虫、杂草和昆虫等。对根腐病、菌核病、枯萎病、黄萎病、疫病等各种土传病害和部分杂草也有非常好的防治效果。可杀灭真菌包括丝核菌属、腐霉属、镰孢霉属、疫霉属、轮枝孢霉属，以及十字花科根肿病病原菌等。可杀灭的杂草包括马唐、看麦娘、早熟禾、藜、马齿苋、繁缕、蒲公英、豚草、野芝麻、狗牙根、石茅、莎草等。

1. 施药量　防治对象不同，施用剂量有很大差异。一般蔬菜每亩使用的有效剂量为 35％威百亩水剂 15～20 kg，瓜类蔬菜使用剂量为每亩 20～25 kg。防治根结线虫，用量可进一步提高到每亩 27～53 kg。

2. 前期准备和土壤条件　土壤质地、湿度和 pH 对威百亩的释放有影响。处理前，应做好细致的土壤准备，前期准备同氯化苦。适于威百亩消毒的土壤深度为 5.0～7.5 cm，土层温度为 5～32 ℃，土壤相对湿度为 50％～75％。

3. 施药方法

（1）滴灌施药法。先安装滴灌设备，应安装防水倒流装置，以防药液倒流而污染水源；铺设滴灌管，滴灌管间距应为 30～40 cm；然后用塑料薄膜覆盖整个地表，并压实；最后将威百亩药剂溶于水，采用负压施药或压力泵混合进行滴灌施用。药液浓度应控制在 4％以上，这是因为若药液浓度过低，威百亩容易分解，每亩用水量应控制在 25～27 t。

（2）沟施。播种或移栽前 2～3 周开沟，沟深 15～20 cm，间距 25～30 cm。将 100～300 倍稀释液均匀施入沟内，随即覆土压实。然后覆膜，膜要盖严，不能有裸露的地表。

4. 熏蒸时间和通风换气　熏蒸一定要持续 15 d 以上，如果地温低于 15 ℃，应当加棚膜提温或延长熏蒸时间。15 d 后揭开地膜，自然散气 1～2 d，再旋耕放气，其深度略深于施药时开沟或旋耕的深度，放气时间为 2～3 d。

5. 安全性测试　为保证消毒后土壤的安全性，应进行种子发芽安全性测试，具体同氯化苦消毒技术。

6. 注意事项

（1）威百亩稀释液容易分解，施药时应现用现配。

（2）威百亩会与金属发生化学反应，应避免使用金属包装或器具。

（3）威百亩不能与波尔多液、石硫合剂及其他含钙的农药混用。

（4）威百亩对眼睛及黏膜有刺激作用，用时应做好安全防护措施。

（5）药品残余物和容器应作为危险废弃物处理，应避免排放到环境中。

（6）不得在河流、养殖池塘、水源上游、水渠内清洗工具和包装物。

三、棉隆

棉隆，又名比速灭、二甲噻嗪。化学名称为 3,5 -二甲基- 1，3,5 -噻二嗪烷- 2 -硫酮。棉隆属于低毒杀菌、杀线虫剂。

棉隆纯品为无色晶体，无气味，熔点为 $104 \sim 105\ ℃$（分解）；易溶于丙酮、氯仿，稍溶于乙醇、苯，难溶于醚、四氯化碳；在 $25\ ℃$ 水中溶解度为 0.12%，在温水中溶解度稍有提高。棉隆水溶液易分解，其在 $45\ ℃$ 以上时分解加快，此时会影响药剂效果；棉隆遇强酸、强碱易分解。

棉隆是一种高效、低毒、无残留的环保型广谱性综合土壤熏蒸消毒剂。用于温室、苗床、育种室、混合肥料、盆栽植物基质及大田等土壤处理时，能在土壤或基质中分解成有异硫氰酸甲酯、甲醛和硫化氢等，有效杀灭土壤中各种线虫、线核病菌、镰刀菌等多种病原菌，以及地下害虫、萌发的杂草种子等，从而达到消毒土壤或基质的效果。

1. 施药量 棉隆用量受土壤质地、温度和湿度等因素的影响。施药后，应立即与土壤混合，然后覆盖塑料薄膜。不同作物推荐用量见表 8-2。

表 8-2 棉隆推荐用量

作物名称	每亩推荐用量（kg）
番茄	20～30
草莓	20～27
菊科和蔷薇科花卉	20～27
姜	33～39

　　根据作物连作时间长短和土传病害发生的轻重程度选择施药剂量。连作时间短、发病轻的地块选择低剂量，连作时间长、发病重的地块选择高剂量。

　　2. 施用方法 施药前应仔细整地，撒施或沟施，深度为 20 cm；施药后立即混土，加盖塑料薄膜，如土壤较干燥，施用棉隆后要及时浇水，土壤含水率应保持在 76% 以上，然后覆上塑料薄膜，土壤的温度要在 6 ℃以上，最好为 12～18 ℃。覆膜天数应根据气温条件确定，温度低则覆膜时间长。揭膜后，要翻土透气，土温越低则透气时间越长。因棉隆的活性受土壤的温度、湿度及结构的影响，所以施药的具体剂量要根据当地土壤条件进行调整。

　　3. 施药和处理时间 夏季施药作业应避开中午天气暴晒的时段。土壤温度与处理和通气时间的关系详见表 8-3。

表 8-3 不同土壤温度条件下棉隆处理时间、通气时间和安全试验时间

土壤温度（℃）	密闭时间（d）	通气时间（d）	安全试验时间（d）
25	4	2	2
20	6	3	2
15	8	5	2
10	12	10	2
5	25	20	2

4. 安全性测试　为保证消毒后土壤的安全性，应进行种子发芽安全性测试，具体详见本章第一节中叙述的"熏蒸后田园管理"的相关内容。

5. 注意事项

（1）棉隆对眼睛及黏膜有刺激作用，应注意做好安全防护措施。

（2）施药者应彻底清洗施药时穿戴的衣物和器械，对于用过的容器及剩余药剂应妥善处理和保管。药剂应密封于原有包装中，并存放在阴凉干燥处，不得与食品或饲料一起贮存。

（3）棉隆对鱼有毒，应防止棉隆污染池塘。

（4）严禁拌种使用。

第九章 设施蔬菜生产土壤常见问题及解决办法

设施蔬菜生产是在人工控制环境条件下的栽培。设施蔬菜生产一方面需要较大的资金投入，另一方面，由于不能经常轮作，特别是在一些专业化、品牌化生产基地（园区），长期的设施土壤栽培容易发生土壤盐渍化、土壤酸化、土传病害加重等连作障碍问题，因而需要采用综合措施解决问题。

第一节 常见问题及成因

一、设施土壤盐渍化

施肥过多使盐类积聚引起土壤溶液浓度增高，这是设施生产普遍存在的突出问题之一，也是当前设施蔬菜种植中发生的主要土壤障碍（彩图 9-1）。

设施土壤盐类溶液浓度过大使土壤渗透势增大，作物根系的吸水吸肥能力由此减弱。同时，铁、铝、锰的可溶性增大，钙、镁、钾、钼的可溶性减少，而且各种元素间的拮抗作用也影响着作物对某些元素的吸收，这些问题共同导致作物生长发育不良、抗病力下降。

这种现象产生的原因是多方面的，主要是以下 4 个方面：一是过量或偏施肥料，二是设施内土壤水的蒸腾作用，三是种植方式不合理，四是土壤母质和地下水含盐量高。

（一）过量或偏施肥料

设施土壤的盐类主要来自大量施用的速效性有机肥和化肥。施入的营养物质的量大大超过了作物吸收的量，从而使营养物质在设施土壤中残留，导致了土壤盐渍化。

设施蔬菜生产茬口多、生长期长，每茬作物都需要施肥，并且施肥量往往比露地蔬菜的施肥量多 $1\sim2$ 倍甚至更高，这就使施肥量远远超过作物的养分吸收量，造成养分在土壤中累积。如磷素化肥利用率不足 10% ，其余 90% 被积累在土壤中或地下水中。这些剩余养分不会像露地蔬菜那样被雨水淋失，而是集聚在土壤中或土壤表面。

由于作物选择性吸收铵离子（NH_4^+）和钾离子（K^+），一些肥料如硫酸铵、氯化铵、硫酸钾、氯化钾等中的硫酸根离子（SO_4^{2-}）和氯离子（Cl^-）剩余大量残留在土壤中，并与金属离子结合且不易被土壤胶体吸附。这样一方面土壤溶液的浓度提高了，另一方面土壤 pH 降低，铁、锰、铝等元素的可溶性提高，因此土壤盐溶液的浓度进一步提高，土壤次生盐渍化的程度更加显著。

盐渍化土中有 8 种主要离子。其中，有 4 种阴离子：硝酸根（NO_3^-）、碳酸氢根（HCO_3^-）、氯离子（Cl^-）和硫酸根（SO_4^{2-}）。有 4 种阳离子：钠离子（Na^+）、钾离子（K^+）、钙离子（Ca^{2+}）和镁离子（Mg^{2+}）。还有可能出现铵离子（NH_4^+）、磷酸二氢根（$H_2PO_4^-$）和磷酸氢根（HPO_4^{2-}）。

若土壤溶液浓度过高，会出现某些离子过量，进而会造成蔬菜中毒，也会使植物对某些元素或离子的吸收受阻，使植物出现缺素症状、生长发育受阻，从而使作物产量及品质下降。

（二）设施内土壤水的蒸腾作用

设施内没有降水对土壤的自然淋溶作用，加之设施内温度比露地高，水分蒸发强烈，下层土壤中肥料盐分或其他盐分随着深层水分的蒸发，沿土壤毛隙管上升，向上的运动较露地更为强烈，其大部分会通过蒸腾和蒸发而逸散。盐随水来，水去盐留，盐分向表土积聚，土壤表层盐分浓度更易于升高，从而出现盐渍化。

（三）种植方式不合理

常年连作会使土壤中各种营养元素积累不平衡，使得土壤中某些养分不能满足蔬菜生长发育需求，而另一些养分积累过量，且不同养分离子间易产生拮抗作用。周年满负荷生产状况下，设施土壤得不到应有的休整，土壤结构、土壤质地和微生物种群的分布不能得到及时有效改善，土壤生态环境更恶化，因而更易发生次生盐渍化。

（四）土壤母质和地下水含盐量高

如果设施蔬菜栽培的土壤母质本身含盐量就高或已发生盐渍化，直接在这样的土壤中进行设施蔬菜栽培必定会影响栽培效果。在设施蔬菜的栽培中，抽取的地下水如果矿化度过高，也易引起土壤盐渍化。

北京市曾对新老菜区保护地的土壤盐分含量、电导率、土壤阴阳离子含量进行了测试，并分析了土壤可溶性盐累积的特征。

1. 保护地土壤可溶性盐及电导率累积特征　保护地盐分在表层聚积，且保护地的盐分和电导率高于露地，保护地盐分和电导率分别为 1.52 g/kg 和 0.47 mS/cm，分别比露地高 21.1% 和 65.5%，表现为土壤轻度盐化（表 9-1）。

表 9-1　京郊保护地土壤可溶性盐分含量平均值

土层 (cm)	保护地		露地		保护地比露地增加（%）	
	电导率 (mS/cm)	全盐量 (g/kg)	电导率 (mS/cm)	全盐量 (g/kg)	电导率	全盐量
0~5	0.47	1.52	0.29	1.26	65.5	21.1
5~10	0.27	1.04	0.18	0.86	47.3	21.2
10~25	0.24	0.94	0.16	0.77	52.1	22.8
25~40	0.19	0.87	0.14	0.72	37.5	21.3
40~60	0.29	0.87	0.14	0.78	107.6	12.0
60~80	0.20	0.86	0.14	0.79	45.0	9.3

保护地土壤可溶性盐含量随种菜年限的增加而呈 V 形变化。种菜 1~5 年的土壤盐分含量高于露地；种菜 6~10 年的土壤由于多年来大量投入有机肥，土壤盐分含量有所降低，而随种菜年限的

继续增加，盐分含量明显提高，达到轻度盐渍化的指标 2.4 g/kg。而保护地以外的露地土壤可溶性盐含量变化较小，并且随种菜年限的增加有降低的趋势。土壤电导率的结果与可溶性盐含量变化趋势一致。

2. 可溶性阴阳离子组成特征 京郊保护地土壤可溶性盐中的阳离子组成中浓度含量最高的是钙离子，其平均含量占阳离子浓度的 53%，其次是镁离子占 22%。

二、土壤理化性质变差

(一)土壤结构退化

土壤盐分含量增大导致的离子电荷失衡以及频繁的土壤耕作都会破坏土壤良性结构。在北方的石灰性土壤中，硫酸根与钙、镁离子形成难溶的硫酸钙及硫酸镁会造成土壤板结，影响土壤的孔隙度、容重、含水量和保水能力，进而使蔬菜显著减产。

(二)土壤酸化

造成土壤酸化的成因主要如下。

1. 大量施用生理酸性肥料 如大量施用氯化钾、过磷酸钙、硫酸钾等，在作物不能充分吸收利用而发生盐化时，H^+ 相对过剩便导致了土壤酸化。

2. 有机酸积累 连作状态下，根系分泌物中的有机酸（如甲酸、乙酸、草酸、苹果酸和丙酮酸等）释放的 H^+ 不断积累，使土壤酸性增强。

土壤酸化导致土壤胶体与铁、锰、铝等金属离子形成络合物和配位化合物，进而严重影响根系对矿质离子的吸收，对根系活力、根际土壤的酶系活性产生影响，造成根系活力下降，使作物产量显著降低。

三、土壤有害微生物增多造成土传病害加重

(一)病原菌数量增加

设施栽培条件下，作物根系分泌物和植株残茬腐解物给病原菌

提供了丰富的营养，是病原菌良好的寄主，长期适宜的环境又给病原菌创造了良好的繁殖条件，因此土壤中的病原菌的数量不断增加。根系分泌物中的毒性化合物主要为酚酸类化合物，如苯丙烯酸、对羟基苯甲酸、苹果酸等，这些化合物在根际积累过多，会对作物产生自毒作用，并抑制根系生长和根系对养分的吸收，导致作物产生连作障碍。其中，苯丙烯酸毒性较强，以 50 mg/kg 的浓度进行土壤处理时，苯丙烯酸对黄瓜长势、根系脱氢酶活性、ATP酶活性、土壤微生物活性和养分吸收等均造成明显抑制，且随着用量增加抑制效果增强。苯丙烯酸的自毒作用是导致黄瓜连作障碍的重要因素之一。

（二）设施条件下越冬使病虫数量增加

多年连作不仅使原有土传的细菌、真菌及病毒等病害以及根结线虫等虫害潜伏生存得以越冬，同时，连作产生的根系分泌物和根系枝叶残体为根际微生物的繁衍提供了氮源和碳源。如番茄多年连作易发生病毒病、枯萎病、黄萎病和根结线虫病等。以病毒病为例，危害番茄的病毒种类有 TMV（烟草花叶病毒）、CMV（黄瓜花叶病毒）、番茄条斑病毒等，除 CMV 主要由多种蚜虫传播外，其余病毒病都是由土壤传染的，因此土壤是病毒传播的重要媒介之一。病毒病与介体土壤作用后，可能会使土壤中的微生物数量减少、活性降低，从而使根际土壤中脲酶、转化酶的活性降低，使多酚氧化酶的活性升高，进而使土壤腐殖化程度下降，作物吸收养分的能力下降。同时过多地使用化肥、农药会使土壤中病原拮抗菌减少，使有益微生物结构趋于单一，加大了土传病害的发生的可能。

常见的蔬菜土传病害有茄果类、瓜类等的猝倒病、立枯病、疫病、根腐病、枯（黄）萎病、根结线虫病、十字花科的软腐病等。

第二节　设施土壤改良措施

一、增施有机肥

主要指以鸡、猪、牛、羊等牲畜的粪尿，及以菜籽饼、棉籽饼、豆饼、花椒油饼等为原料进行发酵而制成的有机肥。这些有机肥营养全面，并且富含有机质，对土壤结构、酸碱度、盐分、缓冲性等理化性状有良好的调节作用。将有机肥与化学肥料配合使用，既能满足不同蔬菜生产的需求，又能起到培肥地力的作用，还能提高土壤生物活性和缓冲力。

有机肥能有效降低根系分泌物对根的毒素伤害。低浓度的酚酸化合物在浓度小于 0.5 mmol/L 时易被土壤微生物作为碳源而降解，且低浓度的酚酸对细菌和真菌具有刺激作用，可增加细菌、真菌数量，同时能提高作物的抗病性和土壤肥力。但当酚酸化合物浓度大于 5 mmol/L 时，其对细菌和真菌具有抑制作用，会降低细菌、真菌的数量。有机肥中的微生物能有效分解毒素，有机肥的许多吸附位点可以降低酚酸（如阿魏酸、香草酸、对羟基苯甲酸）的作用浓度，减轻酚酸对作物的毒害。其原理是改变了根际微生物环境，使放线菌数增加，抗生物质增多，因而作物的抗性增强。细菌数增多，土壤肥力提高，活性增强，从而提高根系养分的活性和根的吸收能力，促进作物健壮生长。增施有机肥后，根系脱氢酶和根系ATP 酶活性增强，根系吸收氮、磷、钾等养分量明显增加，对逆境胁迫的抵抗能力不断增强，作物因而生长健壮，连作障碍减轻。

二、补充以秸秆等为原料的肥料

作物秸秆中含有大量的营养成分和纤维物质，如蛋白质含量约为 5%，纤维素含量约为 30%，同时还含有一定数量的钾、钙、磷等矿物质，补充以秸秆等为原料的肥料还有利于改善土壤物理性状。日光温室施用的有机肥主要为有效性养分含量高、分解快的鸡粪、猪粪等，此类肥料中木质素、纤维素较少，主要用以供给土壤速效养分，尤其是供给氮、磷，但此类肥料却不能促使土壤形成更多的腐殖质，连年使用极易造成土壤有机质含量低，影响土壤的保水保肥能力及土壤良好结构的形成，降低土壤缓冲性，造成设施内土壤盐害、病害加重，使肥料当季利用率降低。表 9-2 为常见有机肥的碳氮比。

表 9 - 2　常见有机肥的碳氮比（C/N）

种类	C（%）	N（%）	C/N	种类	C（%）	N（%）	C/N
稻草	42.0	0.60	70.0	米糠	37.0	1.70	22.0
大麦秸秆	47.0	0.60	78.0	纺织屑	59.2	2.32	23.0
小麦秸秆	46.5	0.65	72.0	大豆饼	50.0	9.00	5.5
玉米秸秆	43.3	1.67	26.0	棉籽饼	16.0	5.00	3.2
新鲜厩肥（干）	75.6	2.80	27.0	牛粪	18.0	0.84	21.5
速成堆肥（干）	56.0	2.60	22.0	马粪	22.3	1.15	19.4
松落叶	42.0	1.42	30.0	猪粪	24.3	2.12	16.2
栎落叶	49.0	2.00	24.5	羊粪	28.9	2.34	12.3

1. 秸秆直接还田　在设施休闲季节结合高温闷棚，就地大量埋施粉碎的秸秆，以增加土壤有机质。一般秸秆亩用量为 1.5 t 左右。先将秸秆切碎再翻入土中，做畦盖膜，并立即灌足水。由于秸秆中碳氮比大，因此在腐解过程中可吸收土壤中的游离态氮，起到降盐的效果。直接埋施秸秆，新鲜腐殖质在土壤内部形成，可以随即与土粒结合，进而促进土壤团粒结构的形成。同时，秸秆中的钾元素是游离态的，直接还田可显著提高土壤代换钾的水平。一般埋施的常用厚度为 17～60 cm，其中以 30 cm 最为常用。如果过厚，则会因下层氧气不足、好气性细菌活动不良而影响发热。如厚度小于 10 cm，则几乎不能发热。应该注意的是，秸秆在土壤中腐解时不像堆肥那样能产生高温，因此，不宜埋施带有病菌和害虫的秸秆，否则可能导致土传病害蔓延。

2. 堆肥　将秸秆铡碎，在每 1 t 秸秆中加 4 kg 氮素，充分拌和后堆成高宽各 1.5～2 m 的大堆，并在堆上覆盖 4～6 cm 厚的细土。粪堆塌陷时进行第一次翻堆，适当加水后再盖上土封好，当堆肥材料近黑、烂、臭、湿时，即表明秸秆已基本腐熟，可压实、封严备用。以玉米秸秆为例，每亩玉米秸秆经发酵后可得到含量相当于 22.8 kg 纯钾的堆肥。

3. 秸秆生物反应堆技术　定植后在大行间起土 15～20 cm，沟长与行长相等，所挖的土分放两边，开起沟后填入秸秆和粪便（亩用秸秆 2 t 左右，牛、羊、马粪 3～4 m³），厚 30 cm，沟两头秸秆露出 10 cm，以便氧气进入，填完秸秆后，按每沟用量把拌麦麸的菌种均匀撒在秸秆上（每亩用麦麸或米糠 120 kg，菌种 6 kg。1 kg 菌种掺 20 kg 麦麸、15 kg 水，三样拌和均匀，堆积 4～5 h 后，分别撒在秸秆上）。用铁锹拍一遍后，再将挖出的土回垫到秸秆上，然后浇水使秸秆湿润。之后在小行进行浇水。待 6～7 d 后，盖地膜打孔（打孔用 14 号钢筋按 30 cm 1 行、20 cm 1 个孔进行），孔深以穿透秸秆为准。

三、合理耕作

定植前要深翻土壤，使表层土（含盐量多）与深层土（含盐量少）混合，以达到稀释设施土壤表层盐分的目的。在蔬菜生长期间，应注意进行适当中耕，这样可疏松土壤，减少毛细管的作用，降低地下水位，阻止土壤中盐类物质随毛细管上移。此外，在行间覆盖作物秸秆，可预防水分蒸发引起的土壤表面盐分积累，同时还可增加设施土壤有机质的含量，起到稀释设施土壤表层盐分浓度的目的。用大田沃土更换日光温室地表 5～15 cm 处的土层可有效减轻土壤障碍的危害。

四、应用土壤调理剂

20 世纪 50 年代以前，人们对土壤的改良方式仅限于使用天然改良剂，如在黏土中加沙土、在沙土中加壤土等。20 世纪 70 年代至 80 年代，土壤调理剂的研发和应用达到高峰；2000 年以后，土壤调理剂在发达国家大面积推广与应用。目前，应用于蔬菜栽培中的土壤调理剂主要为矿物源调理剂、降盐剂、调酸调碱剂、生物制剂（如菌剂）等。

根据生产原料和用途不同，市场上常见以下几类土壤调理剂。

（一）矿物源调理剂

矿物源调理剂主要有石灰石、白云岩、膨润土、蛭石、硅藻土、沸石等。例如，可用石灰岩代替石灰改良土壤的酸化，膨润土能有效改进土壤的结构性和调节水的交替作用。

沸石是无机的硅铝酸盐，含有常量元素钾、磷、钙、镁、硫，还有铁、锰、铜、锌、钼、硼、硅等微量元素。沸石对各种离子具有较强的吸附能力，其吸氨值很高，对土壤中的有毒有害物质、重金属、放射性元素等也具有较强的吸附能力；能够减少有效磷在土壤中的固定，减少土壤中有效钾的流失，从而使肥料和土壤中的养分起到长效缓慢释放的作用。

（二）调酸、调碱剂

碱渣是比较有效的酸性土壤调理剂之一。碱渣的主要成分为碳酸钙、硫酸钙等钙盐和氢氧化镁等，偏碱性（pH 9～12），富含钙、镁、硒等有益于作物生长的元素，不仅可以提高土壤 pH，还可补充土壤中的钙和镁。此外，钙、镁、磷肥是一种微碱性肥料，可用于调节土壤酸碱度，石膏、硫酸亚铁及硫黄等均为碱性土壤调理剂。它们通过离子间的置换作用，能把土壤中的钠离子置换出来，再结合灌水将钠离子淋洗出去。

（三）含海藻酸的调理剂

海藻酸含天然化合物，如藻朊酸钠是天然土壤调理剂，能协调土壤中固、液、气三者比例，促进土壤形成团粒结构，增加土壤生物活力，促进速效养分释放，促进作物根系生长。

（四）硅肥

硅肥既可作肥料提供养分，又可作土壤调理剂。硅肥能减少磷肥在土壤中的固定，活化土壤中的磷，促进根系对磷的吸收，提高作物对磷肥的利用率。硅肥还能强化作物对钙、镁的吸收和利用，活化有益微生物，改良土壤结构，矫正土壤酸度，促进有机肥分解，抑制土壤病菌。

（五）含腐植酸肥料

含腐植酸的肥料产品数量众多，常见的是含黄腐酸钾的系列产品。腐植酸主要由碳、氧、氢、氮、硫等元素组成。其中，碳元素所占的比例最大，为 48% 左右，氧元素占 40% 左右，氢元素占

4%左右，氮元素占3%左右。腐植酸与土壤中的钙离子相互作用形成絮状的凝胶体，它能把土壤胶结在一起，使土壤颗粒变为一个个保水保肥的小水库和肥料库，增加了土壤空隙，促进土壤团粒结构形成，提高了土壤保水、保肥的能力。

（六）含甲壳素的调理剂

甲壳素通过对土壤有益菌的维护，让土壤形成更多团粒结构，进而改良土壤物理性状，间接对土传病原菌有抑制作用。

（七）微生物土壤改良剂

微生物土壤改良剂大量活体有益微生物菌施入土壤后，改变了植物根际的微生物菌群，有益菌在植物根际生长繁殖，占据了病原菌的繁殖空间，消耗了病原菌的食源（养分），并且有益微生物产生的抗生素类物质抑制了根际病原菌的繁殖；改善了土壤氧化还原条件，减缓了氮素脱氮和氧化过程，降低了硝酸盐含量，确保农产品安全无害，减少环境污染。

微生物土壤改良剂能缓解过量施用化学肥料造成的土壤的污染和板结，能激发土壤活力，改善土壤物理性状，增加土壤团粒结构，使土壤变得疏松。

（八）不同土壤调理剂的搭配使用

根据不同土壤调理剂的特点，可以选择两种或两种以上土壤调理剂搭配使用，比单独使用一种的效果更显著。例如，可选用功能性肥料搭配微生物土壤改良剂。功能性肥料如腐植酸、海藻酸、甲壳素等功能性物质都具有促进有益生菌繁殖的作用，与微生物土壤改良剂合理搭配使用可提高土壤改良效果，也能有效提供营养，促进作物生长发育，提高农产品品质。有机肥与微生物土壤改良剂搭配使用既能增加土壤有益菌的含量，又能通过长期使用解决土壤生态失衡的问题。

综上所述，在生产上可根据实际情况选择适宜的土壤调理剂。要注意准确判断土壤中存在的问题，然后对症下药，通过土壤改良调理使土壤各项指标达到正常范围。在解决土壤的偏酸、偏碱、盐渍化及板结等问题时，要根据问题的严重程度，适当确定使用土壤调理剂的数量和次数，不能长期过度使用，以免产生其他不良效果。但是，微生物菌剂以及含海藻酸、腐植酸、甲壳素等物质的，有利于改良土壤的肥料可适当延长使用次数。

五、其他农业措施

(一)适应栽培法

选用抗病、耐盐的品种，实行幼苗嫁接换根栽培，实行轮作。将不同科属的蔬菜作物按 3～5 年的间隔期，合理运用轮作倒茬法安排轮作。

蔬菜连作几年后，栽培玉米、小麦等粮食作物，可有效降低土壤盐分。将不同生长习性的蔬菜进行间作、轮作、套作，可充分利用不同肥料养分和不同深度土壤的养分。例如，在冬季低温期轮作耐寒的葱、蒜类蔬菜，既能实现轮作，又能抑制土壤病菌繁殖。

(二)揭膜淋溶休闲法

夏天揭去棚膜进行休田，或让阳光充分暴晒温室土壤，让暴雨充分淋洗土壤中的盐分，都可有效恢复地力。

第三节　地膜覆盖

一、地膜覆盖的优点

(一)提高地温

从不同覆盖时期看，春季低温期覆盖透明地膜可使 0～10 cm 处地温增高 2～6 ℃，有时可增高 10 ℃以上。进入夏季高温期后，如无遮阴，膜下地温可高达 50 ℃，但在有作物遮阴或膜表面淤积泥土时，膜下地温只比露地高 1～5 ℃，若土壤潮湿，膜下地温甚至比露地低 0.5～1.0 ℃。此外，无色透明膜比其他有色膜的增温效果好。

(二)提高土壤保水能力

覆盖地膜后，土壤水分蒸发量减少，故可在较长时间内保持土壤水分的稳定。覆盖地膜与不覆盖地膜的 0～20 cm 土层中，17 d

间隔（4月26日至5月13日）内含水量的变化明显不同，覆盖地膜的由19.05%降至17.93%，失水1.12%；而不覆盖地膜的由19.21%降至15.21%，失水4%。

（三）提高土壤肥力

由于膜下土壤温度湿度适宜，微生物活动旺盛，养分分解快，因而速效氮、磷、钾等营养元素含量均较露地有所增加。据山东省农业科学院蔬菜研究所测定，覆盖区的速效氮含量为165 mg/kg。而未覆盖区的仅为110 mg/kg，覆盖区较未覆盖区增加50%。除此之外，覆盖区的磷和钾的含量也有所提高。

（四）改善土壤的理化性状

覆盖地膜减少了中耕、除草、施肥、浇水等人工和机械操作的践踏而造成的土壤板结现象，土壤容重、孔隙度、三相（气态、液态、固态）比和团粒结构等均优于未覆盖地膜的土壤。覆盖地膜后，土壤总孔隙度增加1%～10%，土壤容重减少0.02～0.20 g/cm³，含水量增加，在固、液、气三相分布中，固相下降，液相和气相提高。覆盖地膜还能使土壤团粒增加，据哈尔滨原种场测定，覆盖地膜后土壤水稳性团粒比未覆膜高1.5%。

（五）防止地表盐分集聚

地膜覆盖切断了水分与大气交换的通道，大大减少了土壤水分的蒸发量，从而也减少了随水分带到土壤表面的盐分，能防止土壤返盐。在pH为7.8的盐碱土条件下，地膜覆盖具有抑制盐分上升、促进保苗增产的作用。

（六）增加光照

地膜具有反光作用，所以地膜覆盖可使晴天中午作物群体中下部多得到12%～14%的反射光，从而使作物的光合强度提高。据测定，番茄的光合强度可增加13.5%～46.4%，叶绿素含量能增加5%。据北京市丰台区南苑科技站测定，覆盖地膜的番茄日平均反射光强度比不覆盖地膜的多3 050 lux。

（七）降低空气相对湿度

据北京市测定，5月上旬至7月中旬，露地覆盖地膜时，田间平均空气相对湿度降低 0.1％～12.1％，相对湿度最高值减少 1.7％～8.4％。另据天津市蔬菜研究所对地膜覆盖与否的大棚内的空气相对湿度的测定，覆盖地膜的比不覆盖的低 2.6％～21.7％。由于覆盖地膜可降低空气湿度，故可抑制或减少病害的发生。

（八）节水抗旱

覆盖地膜可以显著减少土壤水分蒸发。因此可以减少浇水次数及用量，节约用水。据试验测定，覆盖地膜一般可节约用水 30％～40％。

二、地膜覆盖整地方式

目前各地地膜覆盖的形式多种多样，归纳起来有以下 3 种基本形式。

（一）高畦覆盖

平地起垄后，合并两垄做成高畦，待平整畦面后再进行覆膜。常用的适宜规格是：畦高 10～12 cm，畦面宽 65～70 cm，畦底宽 100 cm。高畦覆盖的保温、保湿效果好，增温快，增产显著，适于机械化作业等的优点；其缺点是灌水、施肥较难，渗水不充分，容易出现畦心干及中后期脱肥、作物早衰等问题。在此基础上，各地又创造出许多方式。

1. 改良式沟栽高畦覆盖　在普通高畦畦面上开两条沟，沟底栽苗后再覆地膜。这样既能提高地温，又能提高局部小空间内的气温，使幼苗在膜下沟内避风避霜，具有地膜加小棚的双重作用。此方式下种植可比普通高畦覆盖早 10～15 d，早熟 1 周左右，同时也能克服普通高畦覆盖的缺点。

2. 高畦深穴覆盖　把高畦加高到 20 cm 左右，按不同作物的株距挖深穴，在穴内播种或定植幼苗，然后在上面覆膜。此法能保证穴内有一定的生长空间，与沟栽高畦有同样的优点。

采用以上两种改良版的高畦覆盖法，当幼苗叶片触及地膜时，应及时划破地膜，将生长点及叶片引出，防止烤伤幼叶。群众将之形象地称为"先盖天，后盖地"。

（二）平畦覆盖

平地做低畦覆盖地膜，在四周畦埂上压土，适用于栽培生长期较短、喜湿、浅根性的速生蔬菜或部分宿根菜。其优点是保水能力强，便于施肥灌水；缺点是地温提高得慢，地膜易受泥土污染而降低透光率，不利于机械化作业，增产效果较差。

（三）垄作覆盖

平地起垄后直接单垄或双垄覆盖，均在垄沟两边压土。其优点是增温快，保温较好，方法简便，无须做畦；也可进行机械化作业，适于大面积中、远郊蔬菜及大田作物覆盖栽培。但其增产效果不如高畦覆盖明显。

三、地膜的种类

（一）无色透明地膜

无色透明地膜是生产上应用最广的一种地膜，包括普通高压低密度聚乙烯地膜（LDPE）、低压高密度聚乙烯地膜（HDPE）、线性低密度聚乙烯地膜（LLDPE），以及线性与高压聚乙烯共混膜。此种膜透光性好，土壤增温效果明显，早春时期可使耕层土壤增温 $2\sim4\,℃$，高温时期膜下地表温度可达 $60\,℃$ 以上，适用于东北、西北、华北等低温、寒冷的干旱与半干旱地区。透明地膜因为透光性好，其覆盖下易生杂草，所以在铺膜前最好应喷洒除草剂。

（二）有色膜

根据不同染料对太阳光谱有不同的反射与吸收规律，以及对作物、害虫有不同影响的原理，人们常在地膜原料中加入各种颜色的染料，制成有色地膜。

1. 黑色膜　由在聚乙烯树脂中加入 $2\%\sim3\%$ 的炭黑而制成。这种膜透光率很低，大部分阳光被膜吸收，膜下杂草因缺光黄化而死，故此膜具有较好的灭草效果。地膜本身受日光照射增温明显，但因膜下土壤接受的太阳辐射能很少，因而此膜对土壤的增温效果不如透明膜。黑色膜一般可使土温升高 $1\sim3\,℃$，并且黑色膜较易因高温而老化。该膜适用于夏季覆盖，在蔬菜棉花、甜菜、西瓜、花生等作物上均可应用。

2. 绿色膜 使植物光合作用最旺盛的光为可见光中波长为400～700 nm 的光，其中的蓝红光可增强叶绿素的光合效率，而绿光则使光合作用下降。绿色膜不透紫外线，能减少红橙光区的透过率（红橙光为高能光）。膜下的杂草因长期处于绿光照射之下，光合作用受到较强抑制，无法生长，因而绿色膜有较好的灭草作用。同时，绿色膜还有较强的增温作用。绿色膜一般可使 1～10 cm 深的土层增温 1.5～10 ℃，最高能使土层增温 16 ℃以上。绿色膜主要应用于经济价值较高的作物，如草莓、特种蔬菜等。

由于绿颜料对聚乙烯有破坏作用，因此绿色膜的耐久性较差，易破碎。同时，绿色素在光照下易分解，故绿色膜极易褪色。

3. 银灰色膜 将铝粉薄薄地涂在聚乙烯膜的两面，制成夹层膜；或在聚乙烯树脂中掺入 2%～3%的铝粉，制成含铝膜。该膜对可见光及红外光的透过率为 15%～20%，反光率大于 35%，对紫外线的反射率高达 50%～90%。银灰色膜具有隔热作用和较强的反光作用，可增加植株下部叶片的光照强度，且有驱蚜作用，能减轻病毒病的发生。银灰色膜可应用于十字花科、豆类、瓜类、茄果类蔬菜及烟草、棉花等作物在高温季节的降温栽培。但银灰色膜的增温效果较差。

4. 黑白双面膜 黑白双面膜的乳白色一面向上，有反光降温作用；黑色一面向下，有灭草作用。此膜主要用于夏秋季蔬菜的抗热栽培。此膜厚度为 0.02～0.025 mm。

5. 银黑双面膜 银黑双面膜的银灰色一面向上，黑色一面向下，具有灭草、避蚜和反光降温等作用。此膜主要用于夏季蔬菜的抗热栽培及经济价值较高的作物的栽培。

（三）特种地膜

1. 除草膜 在塑料薄膜中掺入除草剂，覆盖后单面析出除草剂达 70%～80%。膜内凝聚的水滴溶解了除草剂后滴入土壤从而达到除草的目的，或是杂草触及地膜时被除草剂杀死。

国内厂家生产的杀草膜采用的除草剂主要有：①扑草净，主要用于水稻、花生、玉米及果树的除草，但对黄瓜、甜椒、豆类、番茄等有药害；②除草醚、敌草隆、除草剂1号，可用于茄子、黄瓜、番茄等蔬菜的除草工作。

2. 光解膜　在吹塑过程中混入一定量的促老化材料而制成地膜。这种地膜经过一定时间（40 d、60 d、80 d）后，能自行老化降解并破碎成小块，还能进一步降解成粉末掺混于土壤中，不会造成污染，对土壤结构也无不良影响。

3. 有孔膜　在地膜吹塑成型后，经圆刀切割打孔而成。孔径及孔数排列是根据栽培作物的株行距要求进行的。孔径有3.5～4.5 cm的播种孔和直径10～15 cm的定植孔。根据需要可打孔一排或数排，以适应生产的需求。该种地膜适用于萝卜、菜豆等直播作物，也适用于番茄、黄瓜、茄子等育苗移栽作物。其优点是省去了播种或定植时的打孔用工，并确保株距、孔径整齐一致，有利于保护地膜，防止撕裂，便于实现覆盖栽培的规范化。除此之外，为了更好地减少残膜对农田的污染，最近还研制出植物纤维地膜，它是以稻草及其他植物纤维为原料制成的。其透明性、保温性和耐久性均接近于普通聚乙烯地膜，其老化后仍能分解为植物纤维，成为土壤有机质。还有的国家用淀粉为原料制造地膜，这与植物纤维地膜有异曲同工之妙。

四、地膜覆盖的技术要求

地膜覆盖翻细耙，做到土壤疏松，无碎石、砖瓦片、大土坷垃，防止划破地膜。地膜应紧贴畦面，不漏风，四周压土应充分且牢固。在膜下软管滴灌或微喷灌的条件下，畦面可稍宽、稍高；若采用沟灌，则灌水沟要稍宽。地膜覆盖虽然比露地减少灌水大约1/3，但每次灌水量应充足，不宜小水勤灌。一般情况下，地膜要一直覆盖到作物拉秧，但如遇后期高温或土壤干旱而无灌溉条件，影响作物生长发育及产量时，应及时揭膜或划破，以充分利用降水，确保后期产量。

就蔬菜作物而言，绝大多数有灌溉设备，土质疏松肥沃，施肥量大；相当多的蔬菜只覆盖 2～3 个月或半年即收获结束，即使覆盖全年的番茄类蔬菜，尽管后期覆膜作用已不明显，但不提前揭膜影响也不大。为了省工，一般都是一盖到底，直到拉秧时才收拾地膜。残存于土中的旧膜会污染环境，影响下茬作物的耕作和生长，因此应及时人工或用机械将残膜清除干净。

彩图2-1　贮液罐田间安装

彩图3-1　黄瓜白粉病

彩图3-2　番茄病毒病

彩图 3-3　温室卤化物灯

彩图 4-1　设施番茄田间长势

彩图 4-2　设施茄子田间长势

彩图 4-3　设施辣椒田间长势

彩图 5-1　设施黄瓜田间长势

彩图 5-2　设施西瓜田间长势

彩图 5-3　设施西葫芦田间长势

彩图 6-1　设施结球生菜田间长势

彩图 6-2　设施芹菜田间长势

彩图6-3 设施结球甘蓝田间长势

彩图6-4 设施菠菜田间长势

彩图9-1 土壤盐渍化使念球藻增加，土壤表面出现红色